总主编　林家阳

书籍装帧设计

姜靓　编著

中国轻工业出版社

图书在版编目（CIP）数据

书籍装帧设计 / 姜靓编著. —北京：中国轻工业出版社，2023.1

ISBN 978-7-5184-0704-0

Ⅰ. ①书… Ⅱ. ①姜… Ⅲ. ①书籍装帧 - 设计 Ⅳ. ①TS881

中国版本图书馆CIP数据核字（2015）第268375号

责任编辑：毛旭林

策划编辑：李　颖　毛旭林　　责任终审：劳国强　　封面设计：王　钰

版式设计：王　钰　　责任校对：吴大朋　　责任监印：张　可

出版发行：中国轻工业出版社（北京东长安街6号，邮编：100740）

印　　刷：艺堂印刷（天津）有限公司

经　　销：各地新华书店

版　　次：2023年1月第1版第5次印刷

开　　本：870×1140　1/16　印张：9

字　　数：300千字

书　　号：ISBN 978-7-5184-0704-0　定价：48.00元

邮购电话：010-65241695

发行电话：010-85119835　传真：85113293

网　　址：http://www.chlip.com.cn

Email：club@chlip.com.cn

如发现图书残缺请与我社邮购联系调换

230029J2C105ZBW

序一

PROLOG 1

中国的艺术设计教育起步于20世纪50年代，改革开放以后，特别是90年代进入一个高速发展的阶段。由于学科历史短，基础弱，艺术设计的教学方法与课程体系受苏联美术教育模式与欧美国家20世纪初形成的课程模式影响，导致了专业划分过细，过于偏重技术性训练，在培养学生的综合能力、创新能力等方面表现出突出的问题。

随着经济和文化的大发展，社会对于艺术设计专业人才的需求量越来越大，市场对艺术设计人才教育质量的要求也越来越高。为了应对这种变化，教育部将“艺术设计”由原来的二级学科调整为“设计学”一级学科，既体现了对设计教育的重视，也体现了把设计教育和国家经济的发展密切联系在一起。因此教育部高等学校设计学类专业教学指导委员会也在这方面做了很多工作，其中重要的一项就是支持教材建设工作。此次由设计学类专业教指委副主任林家阳教授担纲的这套教材，在整合教学资源、结合人才培养方案，强调应用型教育教学模式、开展实践和创新教学，结合市场需求、创新人才培养模式等方面做了大量的研究和探索；从专业方向的全面性和重点性、课程对应的精准度和宽泛性、作者选择的代表性和引领性、体例构建的合理性和创新性、图文比例的统一性和多样性等各个层面都做了科学适度、详细周全的布置，可以说是近年来高等院校艺术设计专业教材建设的力作。

设计是一门实用艺术，检验设计教育的标准是培养出来的艺术设计专业人才是否既具备深厚的艺术造诣，实践能力，同时又有优秀的艺术创造力和想象力，这也正是本套教材出版的目的。我相信本套教材能对学生们奠定学科基础知识、确立专业发展方向、树立专业价值观念产生最深远的影响，帮助他们在以后的专业道路上走得更长远，为中国未来的设计教育和设计专业的发展注入正能量。

教育部高等学校设计学类专业教学指导委员会原主任
中央美术学院　教授/博导　谭平

序二
PROLOG 2

建设“美丽中国”“美丽乡村”的内涵不仅仅是美丽的房子、美丽的道路、美丽的桥梁、美丽的花园，更为重要的内涵应该是贴近我们衣食住行的方方面面。好比看博物馆绝不只是看博物馆的房子和景观，而最为重要的应该是其展示的内容让人受益，因此“美丽中国”的重要内涵正是我们设计学领域所涉及的重要内容。

办好一所学校，培养有用的设计人才，造就出政府和人民满意的设计师取决于三方面的因素，其一是我们要有好的老师，有丰富经历的、有阅历的、理论和实践并举的、有责任心的老师。只有老师有用，才能培养有用的学生；其二是有一批好的学生，有崇高志向和远大理想，具有知识基础，更需要毅力和决心的学子；其三是连接两者纽带的，具有知识性和实践性的课程和教材。课程是学生获取知识能力的宝库，而教材既是课程教学的“魔杖”，也是理论和实践教学的“词典”。“魔杖”即通过得当的方法传授知识，让获得知识的学生产生无穷的智慧，使学生成为文化创意产业的使者。这就要求教材本身具有创新意识。本套教材包括设计理论、设计基础、视觉设计、产品设计、环境艺术、工艺美术、数字媒体和动画设计八个方面的 50 本系列教材，在坚持各自专业的基础上做了不同程度的探索和创新。我们也希望在有限的纸质媒体基础上做好知识的扩充和延伸，通过教材案例、欣赏、参考书目和网站资料等起到一部专业设计“词典”的作用。

为了打造本套教材一流的品质，我们还约请了国内外大师级的学者顾问团队、国内具有影响力的学术专家团队和国内具有代表性的各类院校领导和骨干教师组成的编委团队。他们中有很多人已经为本系列教材的诞生提出了很多具有建设性的意见，并给予了很多方面的指导。我相信以他们所具有的国际化教育视野以及他们对中国设计教育的责任感，这套教材将为培养中国未来的设计师，并为打造“美丽中国”奠定一个良好的基础。

教育部高等学校设计学类专业教学指导委员会副主任
教育部职业院校艺术设计类专业教学指导委员会原主任
同济大学　教授 / 博导　林家阳

前言

FOREWORD

书籍，作为一种最古老的信息承载工具，千百年来一直用文字、图形等视觉符号记录着人类社会的点点滴滴。书籍是人类用来纪录一切成就的主要工具，也是人类用来交融感情、取得知识、传承经验的重要媒介，更是积累人类文化、推动人类文明的重要工具。书籍是历史的产物，是文化的结晶。书的出现使得人类开始从蒙昧状态走向文明。

俗语曾有云：书靠装帧成型，没有装帧就没有书。这样的意识早在千年前的远古时期就已初步形成，随着时间的推移，人类文明的不断发展，人们的生理和心理审美在逐步的提高，更多的人开始关注书籍的开本、装订、印刷、纸张、字体、版面等。书籍装帧设计/Book Design包含了三个层面：书籍装帧/Bookbinding；版面设计/Typography；编辑创意设计/Editorial Design，它是集三位于一体的整体设计。从封面到内文版式，外在造型到信息传达、材质构建到工艺兑现，阅读审美到实用功能等是一系列书籍整体设计的创造性运作。

本教材专门针对书籍装帧设计专业教学的特点，系统而完整地讲解了书籍设计的基本概念、表现技法、设计流程。包括书籍的文稿到编排出版的整个过程，包含了艺术思维、构思创意和技术手法的系统设计；介绍书籍的开本、装帧形式、封面、腰封、字体、版面、色彩、插图、以及纸张材料、印刷、装订及工艺等各个环节的设计。

教材的编写，注重加强学生对书籍设计的整体理解和综合把握能力、构思创意技巧，以及材料和印刷技术的了解和掌握。要求学生在尊重中国传统书籍文化的同时，广泛吸纳世界各民族的优秀文化元素，并以书的审美与功能为出发点，充分发挥学生最宝贵的原创力，提高学生对书籍设计的整体理解和综合把握能力、构思创意技巧，以及对材料、工艺、印刷、现代新兴媒体技术等的了解和掌握。引导学生懂得设计也是为社会大众服务的一种责任。

本书的编著，是在对新时代书籍装帧设计的现状以及书籍装帧设计教育基础上进行的一次全新的思考，它力求放眼国际书籍设计，传播中国传统文化，结合优秀案例，畅谈自身的认知与感受，并结合教学实践完成。本书在编著时，还在阐述书籍整体规划设计的重要性、倡导书籍设计的新概念方面作了认真的探索，但愿能给学生和读者在书籍装帧设计时带来某些感悟，从中汲取智慧与精华。

感谢江南大学设计学院视觉传达专业设计的同学为本书提供了优秀的作业范例。感谢林家阳、魏洁、陈原川老师以及我的父亲对本书的宝贵指导。感谢薛楚颖、吴钰、孙天淇同学为本书的图片整理所作的辛勤工作。限于编者的经验和水平，书中难免有疏漏与不足，恳请有关专家、同行批评指正。

姜靓

于江南大学

课时安排

64 课时

<table>
<tr><th>章节</th><th colspan="2">课程内容</th><th colspan="2">课时</th></tr>
<tr><td rowspan="3">第一章
书籍装帧设计概述</td><td colspan="2">第一节　书籍的概述</td><td>2</td><td rowspan="3">10</td></tr>
<tr><td colspan="2">第二节　书籍装帧设计的发展及历史</td><td>4</td></tr>
<tr><td colspan="2">第三节　书籍的形态结构与工艺材料</td><td>4</td></tr>
<tr><td rowspan="16">第二章
书籍设计的实训</td><td rowspan="4">第一节　时空游走——书籍的趣味互动性设计</td><td>1. 课程要求</td><td rowspan="4">8</td><td rowspan="16">48</td></tr>
<tr><td>2. 案例分析</td></tr>
<tr><td>3. 知识要点</td></tr>
<tr><td>4. 训练程序</td></tr>
<tr><td rowspan="4">第二节　立体呈现——书籍的形态结构设计</td><td>1. 课程要求</td><td rowspan="4">8</td></tr>
<tr><td>2. 案例分析</td></tr>
<tr><td>3. 知识要点</td></tr>
<tr><td>4. 训练程序</td></tr>
<tr><td rowspan="4">第三节　平面构成——书籍的版面综合设计</td><td>1. 课程要求</td><td rowspan="4">16</td></tr>
<tr><td>2. 案例分析</td></tr>
<tr><td>3. 知识要点</td></tr>
<tr><td>4. 训练程序</td></tr>
<tr><td rowspan="4">第四节　触碰阅读——书籍的材质工艺设计</td><td>1. 课程要求</td><td rowspan="4">16</td></tr>
<tr><td>2. 案例分析</td></tr>
<tr><td>3. 知识要点</td></tr>
<tr><td>4. 训练程序</td></tr>
<tr><td rowspan="3">第三章
书籍设计的赏析</td><td colspan="2">第一节　传统纸质之美的书籍设计</td><td>2</td><td rowspan="3">6</td></tr>
<tr><td colspan="2">第二节　多元材质之魅的书籍设计</td><td>2</td></tr>
<tr><td colspan="2">第三节　新兴媒体之异的书籍设计</td><td>2</td></tr>
</table>

目录
contents

第一章 书籍装帧设计概述

第一节 书籍的概述

第二节 书籍装帧设计的发展及历史

第三节 书籍的形态结构与工艺材料

第一节 书籍的概述

1. 何谓书籍

书籍，作为一种最古老的信息承载工具，千百年来一直用文字、图形等视觉符号记录着人类社会的点点滴滴。

何谓书？

《简明牛津词典》—— ① 书写或印刷在加以固定的复数纸张上的可摘技术。② 登载在一系列纸张上之著作。以上两点点出关键要素："可摘、印刷的复数纸张"，"书写、撰述"。

《大英百科全书》—— ① 一份具备相当篇幅、以书写(或印刷)方式记录于质轻、可供方便携带的材质之上、用以在公众间流通的信息。② 沟通的器具。揭示了"阅读"与"沟通"两个关键概念。

《书籍百科全书》—— ① 为了便于统计，英伦书页对于"书"曾有如下规范：价格六便士以上之出版品。② 联合国教科文组织于 1950 年通过一项决议将书定义为：一份非定期刊行、除封皮之外包含不低于四十九页内容的文艺出版物。这两条立足于法律条文，列出了纸张、装订等物理描述。

"书"——由经过印刷、装订的一系列纸页构成，对古今中外具备文化水平的读者进行保存、宣示、阐释和传播知识的可摘载体。

书籍，从形式上说即印刷装订成册的图书和文字。

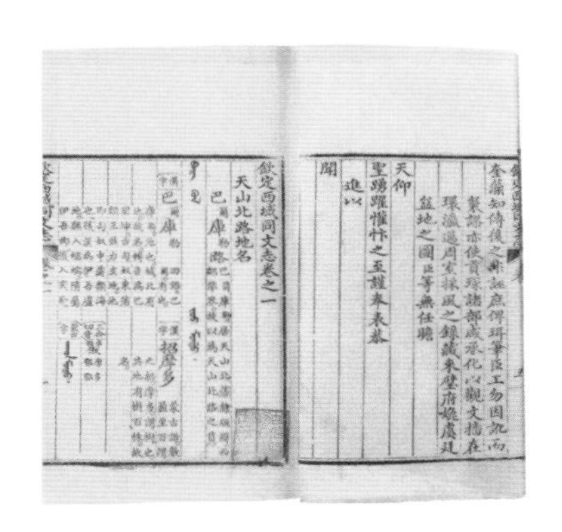

图 1-1-1 《钦定西域同文志》

从功能上说，书籍是人类用来记录一切成就的主要工具，也是人类用来交融感情、取得知识、传承经验的重要媒介，更是积累人类文化、推动人类文明的重要工具。书籍是历史的产物，是文化的结晶。书的出现使得人类开始从蒙昧状态走向文明。

古人云：“三日不读书便觉语言无味而面目可憎也。”可见书籍早已被人们视为精神食粮得以重视。书籍是人类智慧的结晶，是社会文明发展的标志。书籍的历史和文字、语言、文学、艺术、技术、科学的发展，有着紧密的联系。它最早可追溯于石、木、陶器、青铜、棕榈树叶、骨、白桦树皮等物上的铭刻。约在公元前 2500 年，埃及纸草书卷出现，这是最早的埃及书籍雏形。纸草书卷比苏美尔、巴比伦、亚述和赫梯人的泥版书更接近现代书籍的概念。中国最早的正式书籍，是约在公元前 8 世纪前后出现的简策。

书籍，从形式上说即是印刷装订成册的图书和文字。从功能上说，书籍是人类用来记录一切成就的主要工具，也是人类用来交融感情、取得知识、传承经验的重要媒介，更是积累人类文化、推动人类文明的重要工具。书籍是历史的产物，是文化的结晶。书的出现使得人类开始从蒙昧状态走向文明。

2. 认识书籍装帧设计

说到书籍，不得不说书籍装帧设计。书靠装帧成型，没有装帧就没有书。随着时间的推移，人类文明的不断发展，人们的生理和心理审美在逐步的提高，更多的人开始关注书籍的开本、装订、印刷、纸张、字体、版面……

书籍装帧设计是指从书籍的文稿到编排出版的整个过程。以最新的逻辑讲，策划、编辑乃至书籍的定价和档次都应该属于设计的一部分，也是完成从书籍形式的平面化到立体化的过程。它包含了从艺术思维、构思创意和技术手法的系统设计以及书籍的开本、装帧形式、封面、腰封、字体、版面、色彩、插图到纸张材料、印刷、装订及工艺等各个环节的艺术设计。在书籍装帧设计中，只有从事整体设计的才能称之为书籍装帧设计，只完成封面或版式等部分设计的，只能称作封面设计或版式设计。

3. 从书籍装帧到书籍设计

装帧一说来源于日本，还有“装订”“装画”之说。这是由丰子恺在 20 世纪 30 年代从日本带入中国的。“装帧”的“帧”为数量词，“装帧”一词的本意为纸张折叠成一帧，由线将多帧装订起来，附上书皮，贴上书签，并进行具有保护功能的装饰设计。

車式做考工記輪軹之崇輈輢之狀輻內輻外之制大穿小穿之殊蓋之所居軏[illegible]之所在觀之則諸輅皆可知矣

大輅

聶氏崇義曰巾車掌王之五輅玉金象革四輅其飾雖異其制則同今特圖玉輅之一兼太常之旂以備祭祀所乘其

图 1-1-2 《钦定书经传说汇纂》（二十二卷首二卷书序一卷）

“书籍装帧”作为专业用语，在我国已经使用了很长的时间。20 世纪以来，在大多数人心目中，“书籍装帧”只是对书籍的封面进行美化设计，“书籍装帧”逐渐成为了封面设计的代名词。大多数“装帧”都是停留在二维思维和绘画式的表现方法所完成的封面和版式的设计。由于当时的社会发展状况和经济所限以及环境的制约，同时也因为认识上的局限，使得设计师无法参与到书籍的整体设计中去。

而今，书店里各种各样装潢精致的书籍让人目不暇接。这无疑是新时代的设计师对于书籍设计这一概念的全新认识。书籍设计，现在也有称之为书籍装帧设计，是一个立体的思维，它是打破二维、涵盖三维、涉及四维的系统的、全面的设计。其不仅要创造出书籍的形态，还要通过设计让读者参与阅读、与书发生互动，整体地从书中感知设计的魅力。

由此可见，书籍设计师就是一座连接作者与读者之间的桥梁，用设计去诠释作者的文字，用设计引导读者去触碰、了解、感受作者的文字及心声。

4. 书籍装帧设计的评价标准

理清“书籍装帧”与“书籍设计”之间的概念区别，可以推进人们对书籍艺术特质和功能以及书籍设计语言的认知，改变出版观念的滞后，并用这样的观念去影响社会、作者、出版者、编辑、书商以及读者，提升社会对书籍的整体品位及艺术需求，从而提升中国书籍设计的整体水平。

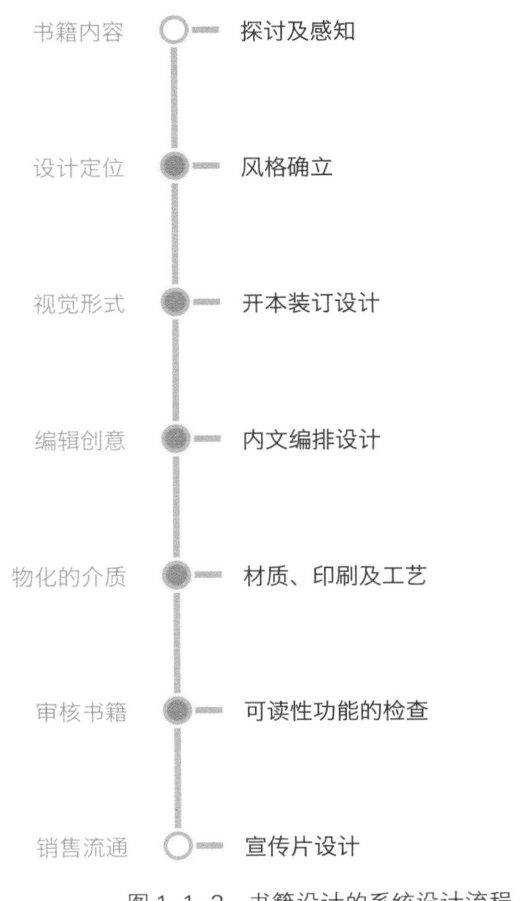

图 1-1-3　书籍设计的系统设计流程

第二节 书籍装帧设计的发展及历史

1. 书籍装帧设计的早期形态

1）书籍设计艺术的萌芽

文字的出现是书籍装帧产生的基础。文字产生约1000年后，出现了世 界上最早的书籍，这便是公元前2500年埃及的纸草书卷。首先在公元前3000年，埃及人发明了象形文字，是用修剪过的芦苇笔写在尼罗河流域湿地生长的纸莎草上，或悬挂或卷起来，呈卷轴形态。在随后的发展中，这种书籍形式在实用价值和方便程度上战胜了巴比伦的泥版书，流传甚广，古希腊文化正是通过纸草书卷得以流传的。此后，为了克服莎草纸不宜折叠的缺陷，小亚细亚一带又出现了柔软平滑的羊皮纸书，在随后的发展中，这些书籍增加了彩图、插图等多种装饰性纹样，不断丰富起来。

2）中国传统书籍的形成及其演变

书籍是一种物质产品，也是一种精神产品。它是人类物质生活和文化水平的表征。同样，书籍的装帧形态也反映了一定社会时期的生活状况和意识形态，在不同的历史时期中，书籍具有不同的特定装帧形态，其涉及的内容也很丰富、复杂。书籍装帧的初期形态并非纸质的形态，而是以绳子、竹木、树皮、陶片、甲骨、金属、石头、缣帛为载体，最后才走上了纸质的装帧道路。

> 结绳书

郑玄在其《周易注》中云:“古者无文字，结绳为约。事大，大结其绳；事小，小结其绳，”从古人的记载中就能看到，结绳是帮助记忆或是示意记事的方法。虽然简单，比单凭记忆要牢靠得多。

结绳的作用在于将绳结和思想相联系，有了“约定俗成”的作用，能够成为交流思想的载体。同时结绳可以保留、传世，所以在某种意义上说，它具备了书籍的作用，而成为文字发展的先驱。

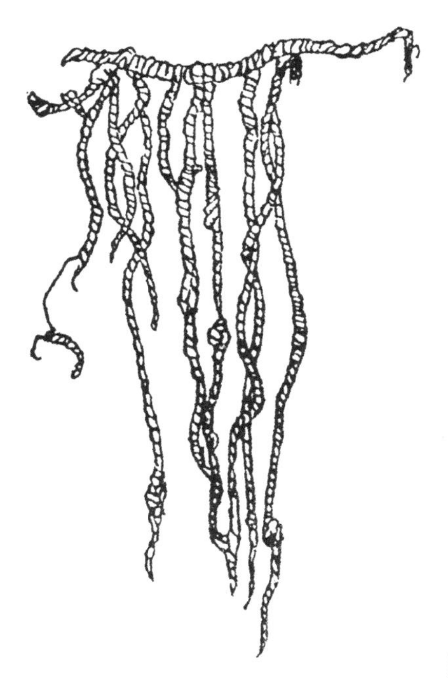

图 1–2–1　秘鲁印加人结绳记事

> 契刻书

汉朝刘熙在《释名·释书契》中云："契，刻也，刻识其数也。" 契刻缺口表示数目，以帮助记忆。与结绳书一样，契刻也是承载信息的一种方式。

> 图画文书

据考古发现，在旧石器时代，人类已经能够在他们所居住的洞穴墙壁上画画，用图画把生活中的事物表达出来。

"岩画可以说是原始社会的百科全书，举凡当时的生产劳动、社会组织、宗教信仰、文化娱乐等，真是应有尽有。" 图画文书传达着信息、交流着思想，从图画的实际意义及它的历史作用来说，它已经起到了书籍的作用。

> 陶文书

陶文写或刻在彩陶上，陶器就是陶文书的载体。从不同地区的陶文所在陶器上的位置可以看出，先民们已经开始注意陶文排列位置的空间关系，可以认为这是最古老的版面设计。

> 甲骨文

著名的历史学家胡厚宣在《中国甲骨学史》（序）中说道："所谓甲骨文，乃商朝后半期殷代帝王利用龟甲兽骨进行占卦时刻写的卜辞和少量记事文字。"甲骨文书是中国古代书籍的初级形态之一。

> 金文书

青铜器上刻有铭文，也称"金文""钟鼎文"。大多用于记录重大事件的发生。金文的载体是青铜器，一个带铭文的青铜器就是一"本"金文书。

> 石文书、玉文书、碑文书

在石、玉、碑上写字或刻字，用以记载生活中的各类事件，就形成了石文书、玉文书和碑文书。如石鼓文《熹平石经》《候马盟书》等。

图 1-2-2　不同时期的甲骨文

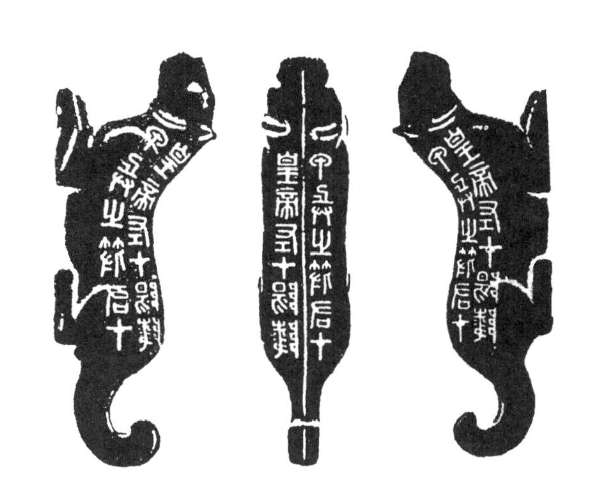

图 1-2-3　虎符

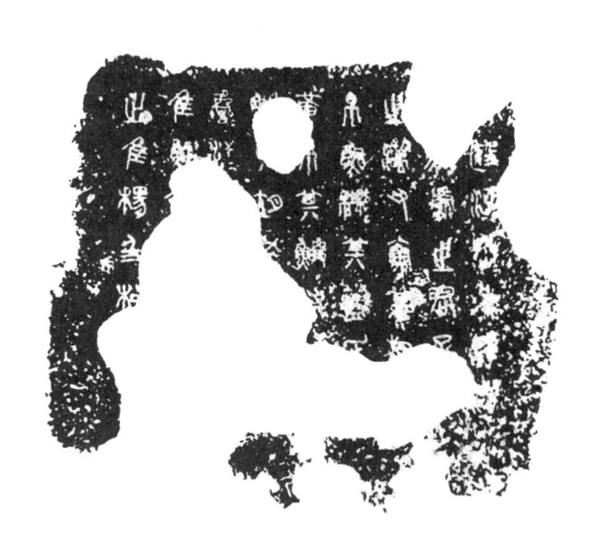

图 1-2-4　石鼓文

2. 中国书籍装帧设计的发展与进程

1）中国传统书籍装帧的正规形态

> 竹简

简策是一种用竹木材料记载文字的书。《左氏传序疏》云:“单执一扎谓之简，连编诸简乃名为策。”也就是说，一根竹片称之为“简”，把两根以上的“简”连接起来，称之为“册”或“策”。

从简策开始，中国书籍形式，对于后世书籍的名称、阅读的习惯、书写的方式以及书籍版式的形成都起到一定的影响作用。例如后世书籍一直沿用自右向左、自上而下的书写与阅读方式。又例如版面上的“行格”形式等。

> 木牍

木牍是用木板制成的长方形的板，上面可以书写文字，基本形式同竹简，单木牍原用于公文，不做长篇文籍之用。数片连于一处，称之“札”。

木牍可以制成数面而成棱角形状，三面可以书写。敦煌和居延发现的《急就章》便是。这种形式的木牍可以竖立于桌上，为启蒙教育及习字之用，很是方便，它称之为“觚”。

图 1-2-5　敦煌悬泉出土的汉简

图 1-2-6　木牍

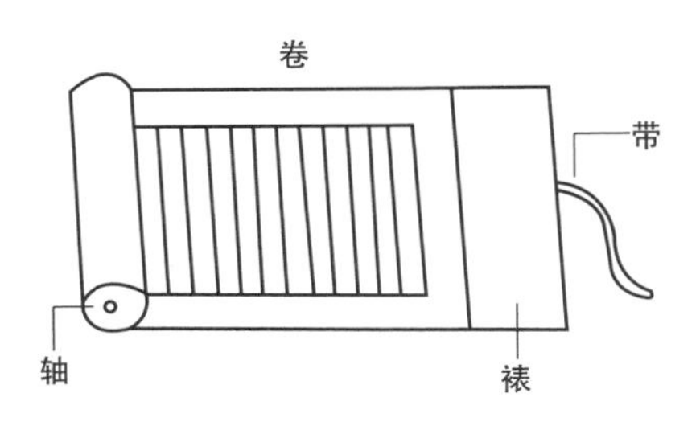

图 1-2-7　卷轴装书结构示意图

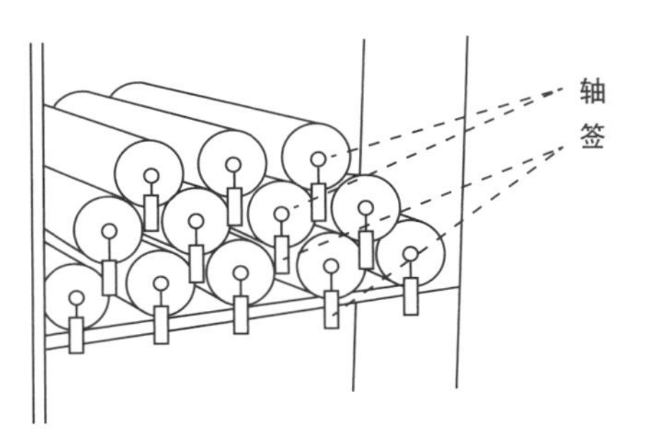

图 1-2-8　卷轴装书插架示意图

图 1-2-9　《钦定四库全书简明目录》四卷卷轴装，红木书盒。仿宋盘绦纹织锦包首，镶嵌青玉轴头，淡绿、浅黄双色绫天头，洒金笺引首，浅黄色绫隔水，海水江牙杂宝纹褾带，上端系青白玉别

> 帛书

在缣帛上写文章，古人称之为“帛书”，帛书的承载物是缣帛，缣是一种精细的绢料，帛是丝织品的总称。

简策书盛行时期，帛书只是用来抄写整理好、且比较重要的书籍。帛书与简策之间最大的区别除了材质不同外，其版式也有很大的区别。帛比相同面积的简策所写的字要多得多，而且可以一部分文字一部分绘画，甚至可以将写好的帛书与帛画粘贴在一起，使得版式更加丰富。

帛书的装订方式也相对简单，一块帛写好后，再用另一块帛续写，然后将它们粘起来，加以一根轴，便成卷子。为了便于检阅，在卷口用签条标注书名，称为“签符”，又称“签条”。帛书可大可小，可宽可窄，可以一反一正。它可折叠存放，类似后来的经折装，也可卷起来，类似后来的卷轴装书。

> 卷轴装书

中国在西汉时期就已经试用各种纤维造纸，东汉的蔡伦总结各种造纸经验，于公元 105 年发明了造纸术。由于纸张的原料充足，成本低廉，开始使用于民间，这使得卷轴装书迅速发展起来。

随着纸的广泛使用，图书传抄的盛行，对书籍装帧也开始进一步讲究起来。

将一张张纸粘成长幅，以木棒等做轴粘于纸的左端，比卷子的宽度长一点，以此为轴心，自左向右卷成一卷，即为卷轴装书，称“卷子装”“卷轴装”。卷子的右端是书的首。为了保护书，往往在其前面留下一段空白，或者粘上一段无字的纸，叫做“褾”“玉池”，俗称“包头”，其前端中间还系上一根丝带，用来困札卷子。轴头挂一牍子，标明书名、卷次等，称为“签”。卷轴装书的褾通常用白纸，也有以丝织品为材料。褾头上再系丝织品用于缚扎，称之为“带”。古人对于“褾”“带”的材质、颜色、形式都很讲究。

卷轴装书卷后，可放置于帙、囊之中。放置于书架之上，卷轴的轴头和签均露于帙外，便于查找书籍。

卷轴书时期，卷面上已出现“眉批”“加注”的注释文字，卷末也留有“题跋”的位置。敦煌遗书中可看到，一部分卷尾加注抄写的日期以及抄写、校阅、监督等人员的姓名，可以说书籍的一些初期形式已经展露出来了。

> 梵夹装书

梵夹装可以说是中国传统书籍装帧史中唯一一个“舶来品”。

经过长时间的卷轴装的使用，人们渐渐感到不方便，尤其对于某个文字或者某个段落的查找，需要打开整卷的书，所以人们开始改良卷轴装的方法。隋唐时期的佛学很兴盛，佛经由印度大量流传到中国，其形式大多是单页的梵文贝叶经。贝叶，即印度的一种名为“贝多树叶”的简称。贝叶经就是将此树叶积累打孔，穿绳，上下夹以木板，再用绳子捆扎而成。古人在此基础上发展了汉文的“梵夹装”。其中的树叶多以纸张替代，上下夹的除木板外还有厚纸等材质。

图 1-2-11　梵夹装佛经

图 1-2-12　梵夹装佛经内页

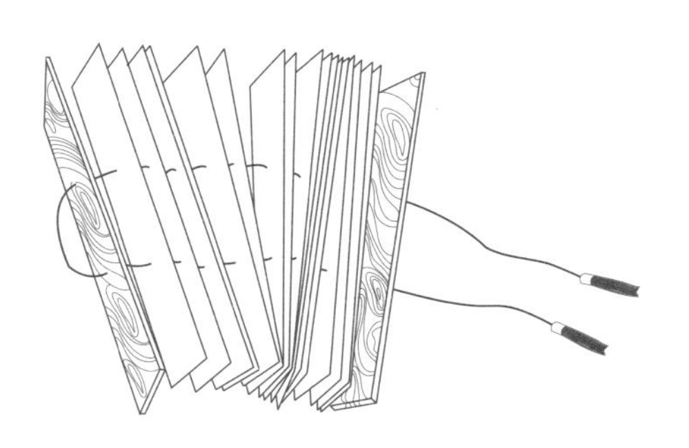

图 1-2-10　梵夹装结构示意图

图 1-2-13　梵夹装佛经内页

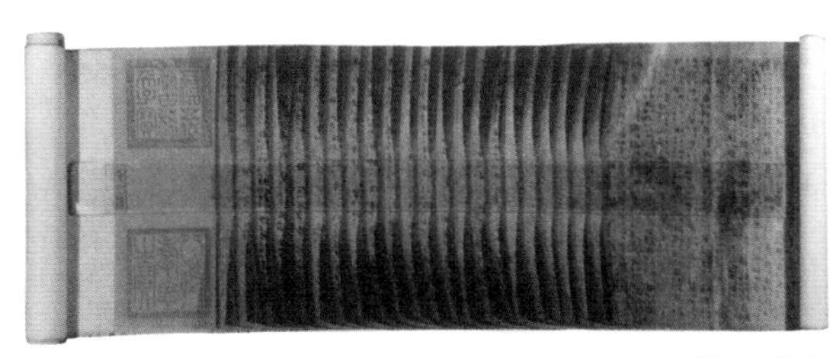
图 1-2-14　旋风装书

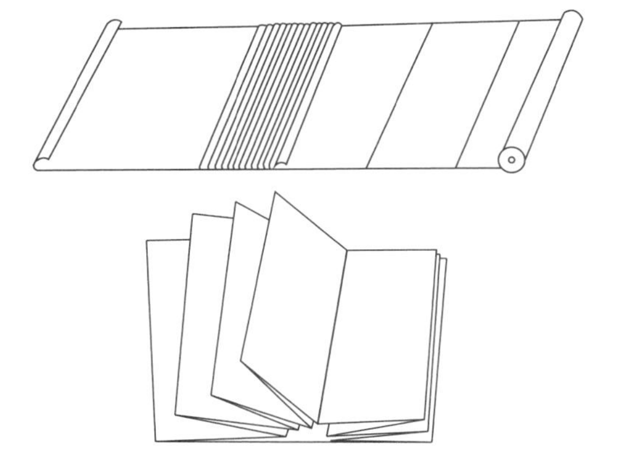
图 1-2-15　旋风装结构示意图

> 旋风装书

旋风装书是一种特殊的装帧形态，其中出现了页子，并双面书写，是书籍装帧的演变过程中的一种重要形式。

旋风装书的外边仍是卷轴装的形式，展开后除首页裱于底纸上，不能翻动，其余均与现代书一样，可逐页翻转。其形式主要是将写好的书页按顺序自右向左先后错落叠粘，舒卷时宛如旋风，故称为“旋风装”，又因其展开后形似龙鳞，称为“龙鳞装”。

> 经折装书

经折装书与佛经有着密切的关系，将纸一张一张地粘接成长条形状，用类似古代帛书的叠放方式，一反一正，在两行之间，均匀地左右连续折叠 成长方形的折子，也模仿了梵夹装的做法，在卷首卷尾分别粘接两块木板或厚纸，作为保护书的封面和封底。签条粘贴于封面上。敦煌出土的唐代《入

图 1-2-16　经折装书

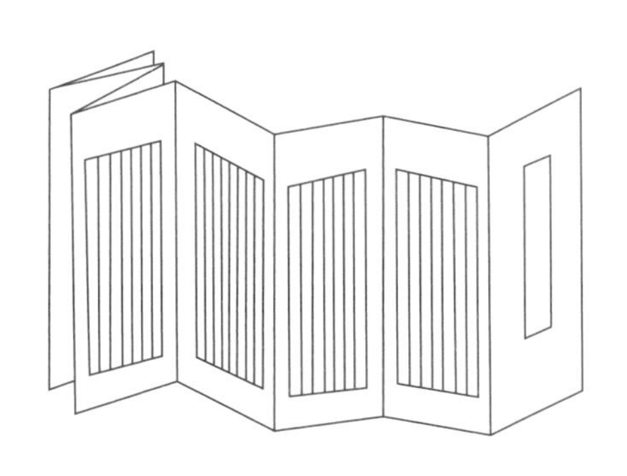
图 1-2-17　经折装结构示意图

图 1-2-18　经折装《大般若波罗蜜多经》

楞加经书》、五代天福本《金刚经》、宋代佛典《毗卢藏》等都是经折装书。

> 蝴蝶装书

蝴蝶装出现于经折装之后，由其演化而来。它是随着雕版印刷技术的发明而产生的，是册页书的中期表现形式。

由于经折装折痕处容易断裂，于是书籍的形式转向册页的方向发展。将书页从中缝处字向内对折，中缝处上下相对的鱼尾纹，是方便折叠时找准中心而设的。

蝴蝶装书的页子是单面印刷，然后将每一书页背面的中缝粘在一张裹背纸上，粘齐，再用一张硬厚整纸对折粘于书脊，作为封面和封底，再将三边裁齐，这样一册书就完成了。

翻阅时，书页如蝴蝶展翅，故称为“蝴蝶装”。叶德辉《书林清话》中说：“蝴蝶装者，不用线订，但以糊贴书背，以坚硬封面，以版心向内，单口向外，揭之若蝴蝶翼。”

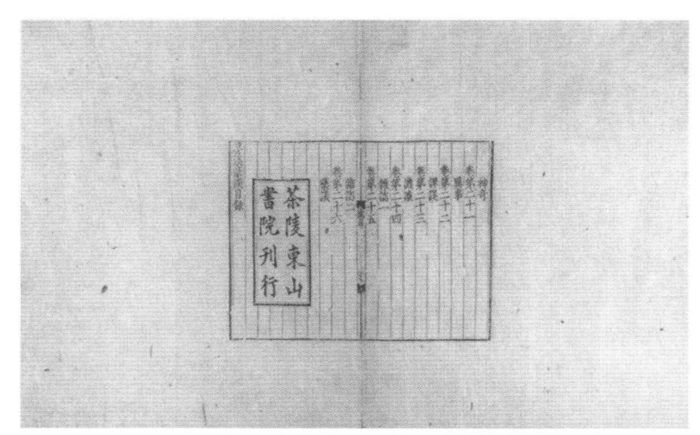

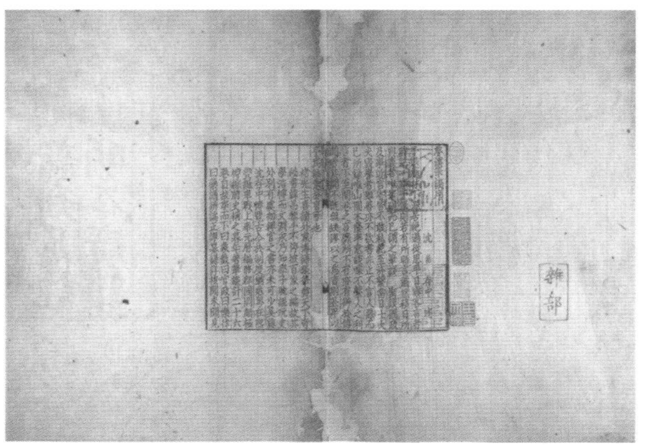

图 1-2-21 《古迂陈氏家藏梦溪笔谈》二十六卷
此本据南宋乾道本重刊，尚可窥宋本旧貌，亦为现存最早版本，书为蝴蝶装，开本宏朗，版心极小

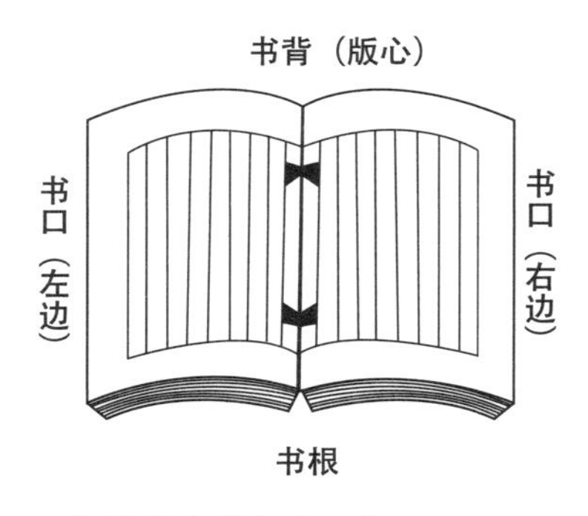

图 1-2-19 蝴蝶装书的版式示意图

图 1-2-22 蝴蝶装书的结构示意图

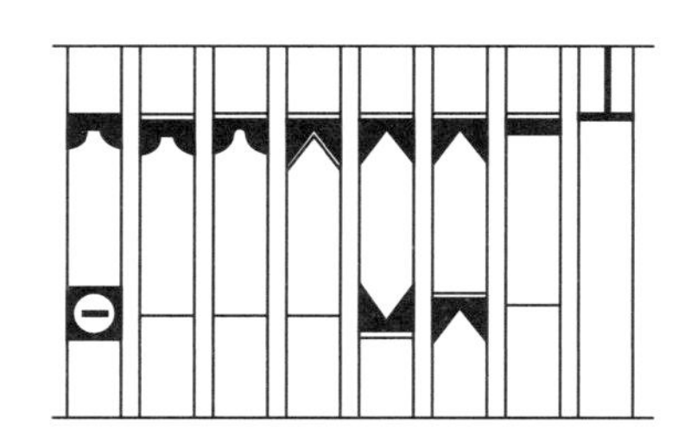

图 1-2-20 蝴蝶装书中缝的形式示意图

图 1-2-23 蝴蝶装书的存放环境示意图

蝴蝶装书放置时，书背向上，书口向下，依次排列。因书口容易磨损，所以版面周围空间往往设计得特别宽大，即使磨损也可重新裁切整齐，不伤及文字内容。

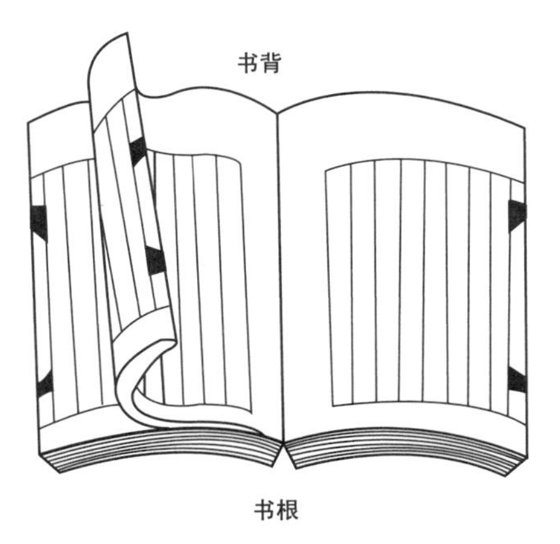

图 1–2–24　包背装书的结构示意图

> 包背装书

包背装出现在南宋后期，元代有很大发展，盛于明，清代也颇有盛行。

蝴蝶装呈有很多优点，但也有其缺点，例如背面粘在背纸上，切口出现很多散页；单面印刷，有油墨的一面容易粘连，翻阅时需连翻两页才能见一页且容易脱落。而包背装解决了这些缺点，所以一些经典巨著多采用包背装的形态。

包背装是将书页有文字的一面向外，以折叠的中线作为书口，背面相对折叠。翻阅时，看到的都是有字的一面，可以连续不断地阅读下去，增强了阅读的功能性。为解决书背胶粘得不牢固的问题，采用了纸捻装订的技术。最后以一整张纸绕书背粘住，作为书籍的封面与封底。

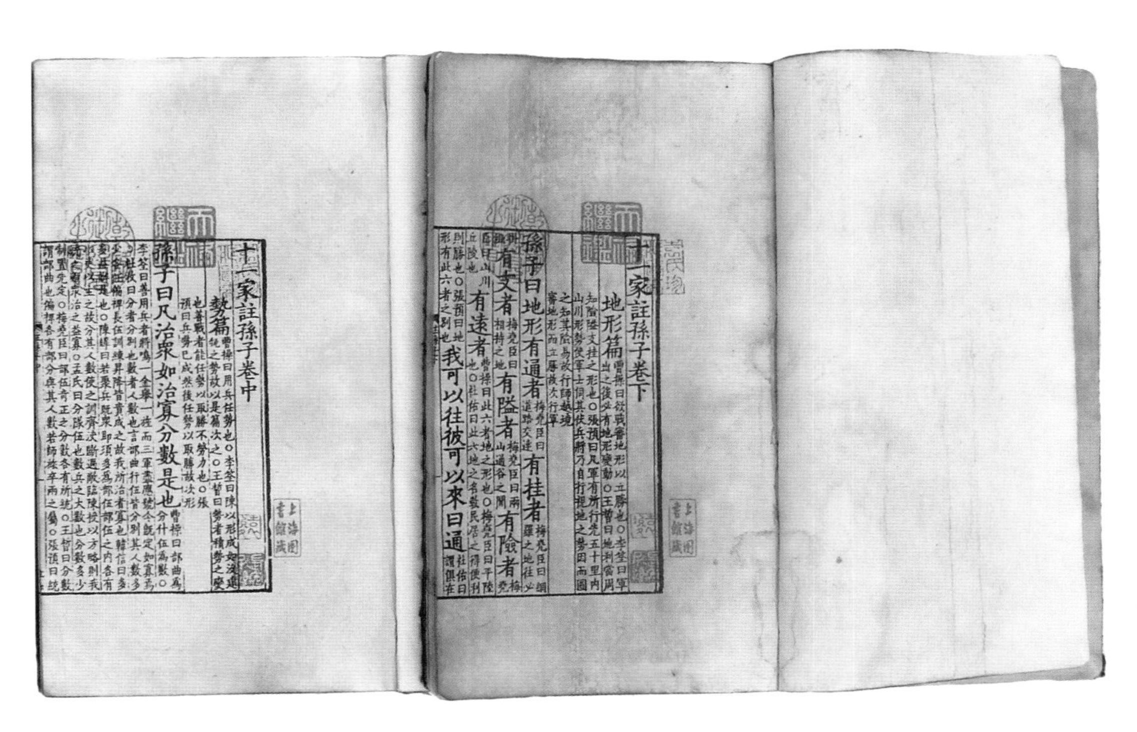

图 1–2–25　包背装《十一家注孙子》

> 线装书

线装书是中国古代书籍装帧形态的最后一种形式，它克服了包背装书的缺点，不易散落，形式美观，是古代书籍装帧发展成熟的标志。

线装书与包背装书差异不大。线装的封面封底不再是整张纸绕背胶粘，而是上下各一张散页，与内页同时装订。装订的方式是在书脊处打孔用线串牢。线的材质多为丝质或棉质。装订一般为四眼订法，也有六眼订和八眼订。讲究的书有绫绢包角，用以保护订口上下的书角，但包角影响通风，在潮湿环境中易生虫。

线装书的书皮为软纸，所以线装书基本质地较软，插架和携带均有不便之处，尤其是套书更加不便，因此常加套、加函。书套是中国古代书籍传统的保护装具，其制作材料主要用硬纸。函常以木做匣，用以装书。匣可做成箱式，也可以做成盒式，开启方法各不相同。也有用纸盒装的。

2）中国近代书籍装帧设计的发展与变化

> 19 世纪末至新中国成立前夕

“五四”运动前后，由于新文化运动的发展，书籍受到当时政治、文化、经济的影响，从而进入了一个全新的局面，打破旧传统，从技术到艺术形式有了新气象。

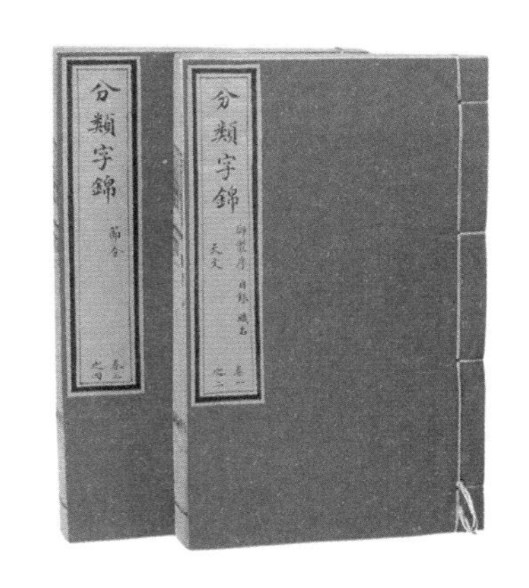

图 1-2-26　线装《分类字锦》六十四卷

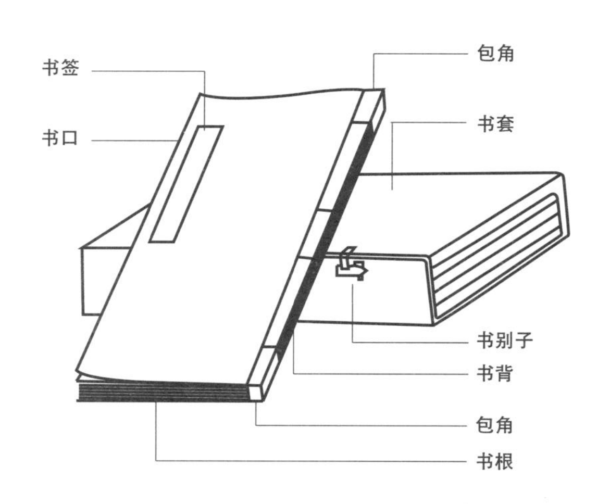

图 1-2-27　线装书及书套的结构示意图

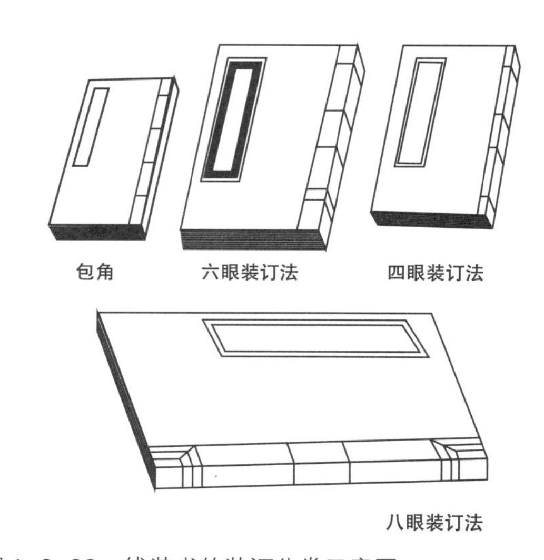

图 1-2-28　线装书的装订分类示意图

图 1-2-29 《点石斋画报》
光绪十年（1884 年）第一号
开本尺寸：14.8cm×24.7cm
插画：吴有如

新文化运动开启了民智，使得文化知识从精英式神坛走向了大众化，这是一次文化普及的大推动，从而影响了书籍设计的发展步伐。传统的雕版印刷、木活字印刷等手工作坊式的工艺和产量已经无法适应当时社会对书籍的需求，从而极大地促进了书籍装帧设计的理念转换。同时，由于西方先进的印刷技术传入中国，雕版印刷技术渐渐淡出舞台，书籍装帧也逐渐脱离传统的线装形式，走向现代的铅印平装本。

“西学东进”的影响也不可磨灭。鸦片战争后，知识分子出国留洋，主动向国人译介西方思想文化，在书籍设计界出现了“比亚兹莱”风。英国插画家装帧艺术家奥伯雷·比亚兹莱（Aubrey Beardsley）崇尚唯美、追求精致的风格影响了西方现代书籍设计。而在“五四”运动时期，一大批文人也十分推崇他，在书籍设计方面受到其很大的影响。例如叶灵凤在书籍设计方面被称为“东方的比亚兹莱”。

中国近代书籍在一开始出现西化的形式特征时，同样被称为“洋装书”。可以说，洋装书是中国现代书籍的雏形与现代书籍之间的一条分界线。直至“五四”运动时期，现代书籍的形式发展到了成熟的阶段，并在社会上被广泛应用，人们开始了解西方书籍的两种装订形式：“精装本”和“平装本”。

早期“洋装书”的部分印刷技术是引用了西方的现代印刷技术，比如铅印活字、照相石印技术等。书籍的封面也有了西式的模样，但整体书籍的内容版式还是继续延续传统书籍的版面形式。例如从《点石斋画报》可以看出当时“洋装书”的特征。

我国传统书籍的装帧设计是由工匠们完成的，到了这个时期，文人便自觉地承担起书籍装帧设计的任务。

鲁迅是我国现代书籍设计艺术的开拓者和倡导者，他对书籍设计提出了自己独到的要求：“天地要宽、插图要精、纸张要好”。他很关注国外、国内传统装帧艺术，甚至还亲手设计了数十种书刊的封

图 1-2-30 《域外小说集》

图 1-2-31 《引玉集》

图 1-2-32 《呐喊》民国版
江南大学大观藏书馆藏

面，如《呐喊》《引玉集》《华盖集》等。

《域外小说集》：鲁迅为自己与周作人合译的《域外小说集》（第一册）设计的封面。32 开毛边本，鲁迅自费于 1909 年 2 月由日本东京神田印刷所出版，封面是希腊文艺女神缪斯的画像，书名为陈师曾题写。1909 年 3 月出版的《域外小说集》在灰绿的底色衬托下，深蓝色书名上是一幅外国插图，增加了图书的异域色彩。

《引玉集》：苏联版画家们的姓名字母被分为八行横排，置入中式版刻风格的“乌丝栏”中，与左边竖写的“引玉集”三个大字相映成趣。又有一圆形阴文的“全”字将方形构图打破，封面最左边有黑色边线，漫过书脊，流向整个封底。红与黑、与封面的白底形成强烈对比。

《呐喊》：暗红的底色如同腐血，包围着一个扁方的黑色块，令人想起他在序言中所写的“可怕的铁屋”。黑色块中是书名和作者名的阴文，外加细线框围住。“呐喊”两字写法非常奇特，两个“口”刻意偏上，还有一个“口”居下，三个“口”加起来非常突出，仿佛在齐声呐喊。鲁迅只是对笔划做简单的移位，就把汉字的象形功能转化成具有强烈视觉冲击的设计元素。

在鲁迅的影响下，涌现出一批学贯中西、极富文化素养的书籍设计艺术家，如丰子恺、陶元庆、叶灵凤、林风眠、钱君陶、司徒乔、关良等。他们多数留学西方或日本，在创作时受西方文化影响，善于打破传统，无所羁绊，从而丰富了新文学书籍的设计语言。

陶元庆，早年留学日本，精于国画和水彩画，又擅长西洋画。与鲁迅有着深厚的友谊，并为其小说设计过封面，如《出了象牙之塔》《工人绥惠略夫》《中国小说史略》《唐宋传奇集》《坟》《朝花夕拾》等，其中《唐宋传奇集》封面素朴静穆，古风悠然，画中人物、马车、旗幡，排列有序，意趣高远。

《彷徨》是陶元庆的代表之作，用橙红色为底色，配以黑色的装饰人物和傍晚的太阳，上下两段横线，简练地概括了画面的空间，而人物的动作似坐又似行，满幅画面被紧张的情绪所包围，将“彷徨”表现得恰到好处又耐人寻味。鲁迅称赞说：“《彷徨》的书面实在非常有力，看了使人感动。”可是当时有的人却看不懂那寓意，以为陶元庆居然连太阳都没有画圆，陶元庆只好愤愤地说：“我真佩服，竟还有人以为我是连两脚规也不会用的！”

另一位代表人物为钱君陶，著名的书法篆刻家、出版家。他的艺术生命久远不衰，20 世纪 30 年代到 20 世纪 90 年代，他一直从事书籍设计工作。曾为茅盾的《蚀》，巴金的《家》《春》及《小说月报》《东方杂志》《教育杂志》《妇女杂志》等刊物设计封面。他的作品多达 4000 余件，堪称文化圈的“钱封面”。

> 新中国成立初期

1949 年新中国成立后，出版社纷纷设立美编室，出现了专门从事书籍装帧设计的设计师。中国现代书籍设计得到了充分的发展。

一大批画家也创作了大量的优秀插图和封面。如刘海粟、傅抱石、吴作人、黄永玉、杨永青等举

图 1-2-34 《文学周报——苏俄小说专号》

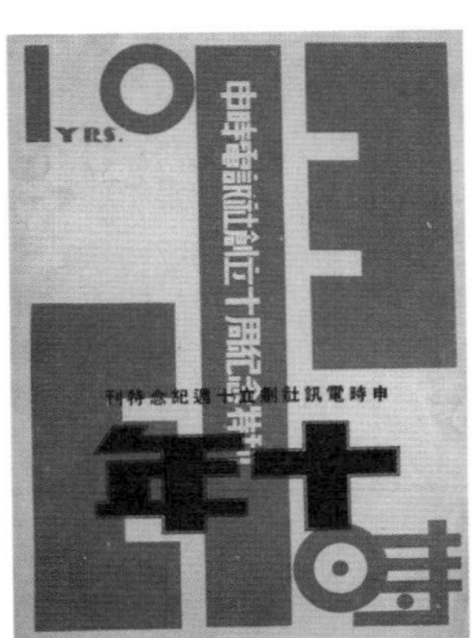

图 1-2-35 《申时电讯社创立十周年纪念特刊》1930 年

图 1-2-33 《彷徨》民国版
江南大学大观藏书馆藏

图 1-2-36 《为了六十一个阶级兄弟》/ 沈云端

图 1-2-37 《溥仪》/ 吴寿松

足轻重的画坛大家。代表作品如黄永玉的《阿诗玛》、吴作人的《林海雪原》、杨永青的《五彩路》等，这些书籍插图的整体艺术水准极高，迄今为止仍是书籍插图艺术的范本。

此外，还有一批新兴的设计师为中国现代书籍设计艺术开辟了新的探索之路，如余秉楠、张守义等。他们经历了“百花齐放、百家争鸣”的文艺创作兴盛时期，在他们的努力下，新中国的书籍设计大放光彩。

1959 年，在莱比锡国际书籍艺术展览会上，我国的《楚辞集注》《永乐宫笔画》《五体 清文鉴》《苏加诺工学士博士藏画集》等书的装帧设计、插画等获得十枚金质奖章、九枚银质奖章。可以说，就中国的书籍设计作品在那一时期具备了一定的国际水准。

> 极“左”思潮时期

20 世纪 60 年代至 70 年代后期，在中国历史上是一个特殊的时代，三年的困难时期，十年的“文化大革命”，可以说中国在经济和政治上都经历了艰辛的阶段。国家经济的困难，社会政治生活进入极“左”的寒冬期，大批出版社专业设计师下放下乡，这个时期中国的书籍设计艺术的特点是设计风格趋同，设计作品带有明显的政治色彩，印刷质量粗糙，设计思路受政治思想的影响也趋于狭窄。但也正因为这样，这个时期的书籍设计带有很深的时代烙印，例如《红岩》《三家巷》《黑面包干》《海誓》等。

> 改革开放时期

20 世纪 80 年代的改革开放使出版界得以复苏，艺术创作的活跃，使得书籍设计创作如枯木逢春，展露出雨后春笋般的勃勃生机，出现了很多优秀的书籍装帧艺术品。如《故宫博物院藏明清扇面书画集》《中国古代木刻画选集》（三册）获莱比锡国际图书博览会和国际艺术书籍展览会的大奖。

>20 世纪末期

20 世纪 90 年代，我国的出版业得到了蓬勃的发展。同时，国际间设计界的交流也日渐广泛。书籍设计艺术的不断进步，优秀作品层出不穷，甚至出现设计师成立书籍设计工作室的现象，这一时期的中国书籍设计得到了全面的发展。

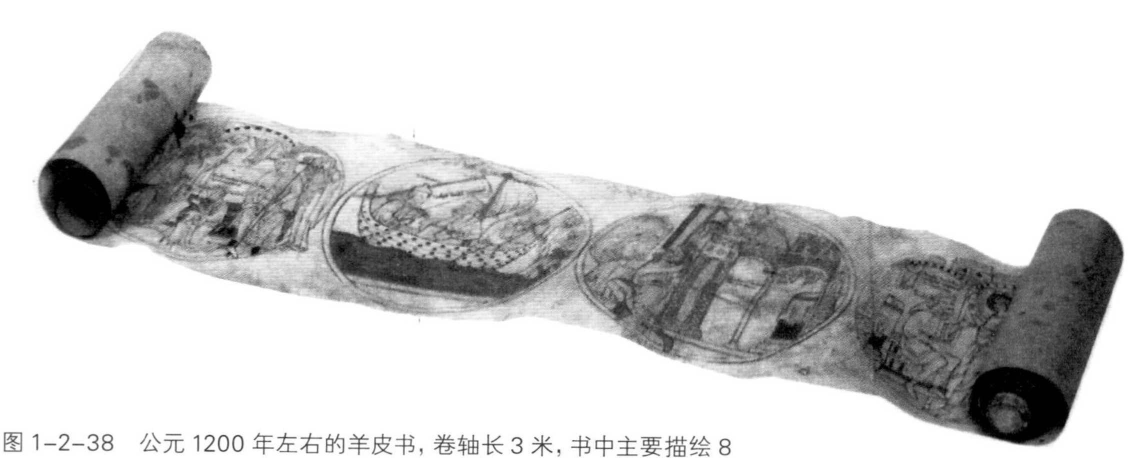

图 1–2–38　公元 1200 年左右的羊皮书，卷轴长 3 米，书中主要描绘 8 世纪初圣徒古特拉克的生活情景

3. 西方书籍装帧设计的发展与流派

1）西方书籍装帧设计艺术的发展

古代西方书籍经历了莎草纸和羊皮纸的最初阶段，也出现了运用珍珠、象牙等珍贵材料进行书籍装帧的现象，进入工业化时代，书籍设计艺术受到了科学技术的直接影响。

13 世纪左右，中国造纸术传入欧洲，纸张的应用，使欧洲书籍艺术实现了飞跃性发展。纸张的运用逐渐代替了欧洲原有的莎草纸和羊皮纸，成为新的书籍材料。纸张的运用不仅降低了书籍的成本，还使其有了被大量印刷的可能。正如德国著名装帧艺术家阿・卡波尔指出的："对欧洲书籍文化的发展有决定意义的是从中国经阿拉伯国家传入欧洲的造纸术，这种新的印刷材料价格便宜，使书籍的生产率增加许多倍。"

15 世纪以后，随着经济和文化的迅猛发展，手抄本已经不能满足人们的精神需求，在德国的美因茨地区，一位名叫古腾堡的人发明了图书制造的革命性技术——金属活字版印刷术，它深刻地改变了人类思想传播的历史，也使欧洲书籍装帧有了突破。这一技术席卷欧洲，大大提高了书籍制造的速度和质量，使图书数量激增。

16 世纪，文艺复兴运动风行全欧洲。欧洲书籍明显地分为实用书籍和王室特装书籍。前者简单实用，后者则富丽堂皇，十分考究。

18 世纪 50 年代，源于英国的工业革命推动了印刷术的变革，机械造纸机、转轮印刷机出现，石印和摄影技术的发展使书籍的图书质量和内容形式不断完善。以莫里斯和拉斯金领导的"工艺美术运动"开创了书籍设计的新理念。莫里斯大量采用了装饰性字体和纹饰，将文字、插图和版面综合利用。他开创了"书籍之美"的理念，推动了革新书籍设计艺术的风潮，因此，被誉为现代书籍艺术的开拓者。

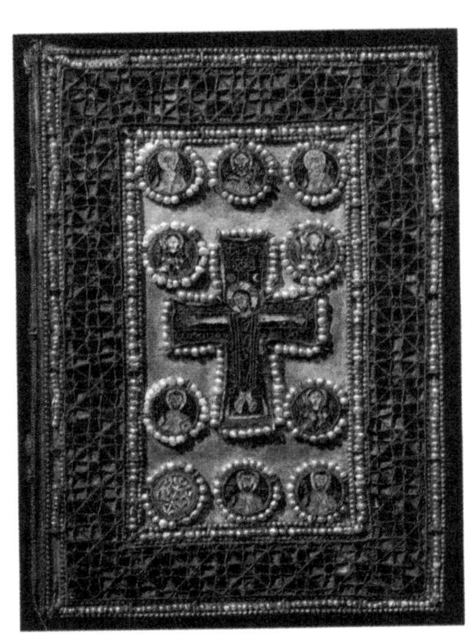

图 1-2-39 镶嵌有珍珠的拜占庭圣经

图 1-2-40 象牙雕刻的封面

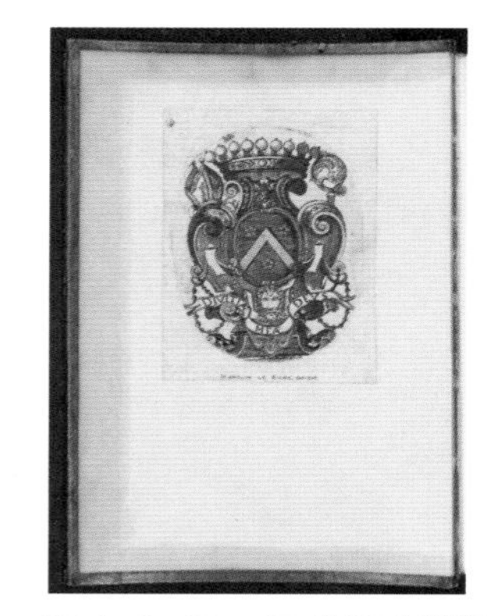
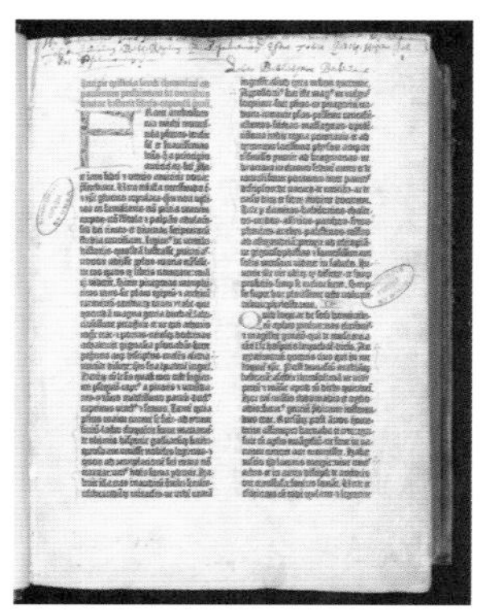

图 1-2-41　15 世纪古腾堡时期的旧约圣经

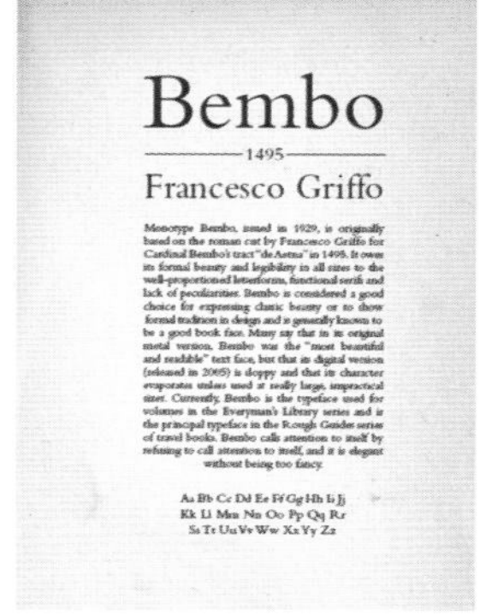

图 1-2-42　中世纪欧洲的活字印刷作坊
图 1-2-43　弗朗切斯科·格里佛完成的“本博体”

图 1-2-44　阿尔杜斯书页：马努提乌斯印刷的书籍页面

2）20世纪西方现代书籍装帧设计的流派之美

19 世纪，书籍设计出现了商业化和理想主义共存的局面。快速发展的经济技术加速了书籍的商品化，而文化虚无主义观念却日益严重。因而近百年来也有许多艺术家发起了革新书籍艺术的运动。

德国表现主义——以凯尔希纳为代表的“桥社”俱乐部和康定斯基为首的“青骑士”俱乐部，从 1907 年至 1927 年创作了大量的绘图本书籍，他们在设计中注重表现内在的情感和心理反应，反对机械地模仿客观现实，强调艺术语言的表现力和形式的重要性。

意大利的未来派——提倡“自由文字”的原则，书籍语言具有速度感、运动感和冲击力。在版面中否定传统的文法和惯常的编排方法，呈现不定格式的布局。这是对传统线性阅读发起的挑战。

俄罗斯构成主义——版面编排以简单的几何图形和纵横结构为装饰基础，色彩单纯，文字全部采用无装饰线体，具有简单、明确的特征。俄罗斯构成主义设计的书在编排设计和印刷平面设计两个领域里具有革新的意义，可以说这是现代艺术书籍设计的起点。

包豪斯——在包豪斯学院有专门的出版部进行字体、编排和印刷广告等方面的设计创作。《魏玛国立包豪斯》可谓是集大成之作，其艺术性在于，设计中强调编辑、版面、逻辑、理性的重要性，强调简洁明快的艺术取向，具有主题鲜明和富有时代感的特点。

图 1-2-45　威廉·莫里斯设计的书籍

图 1-2-46　《干涉证明》(俄国)

图 1-2-47　《魏玛国立包豪斯》

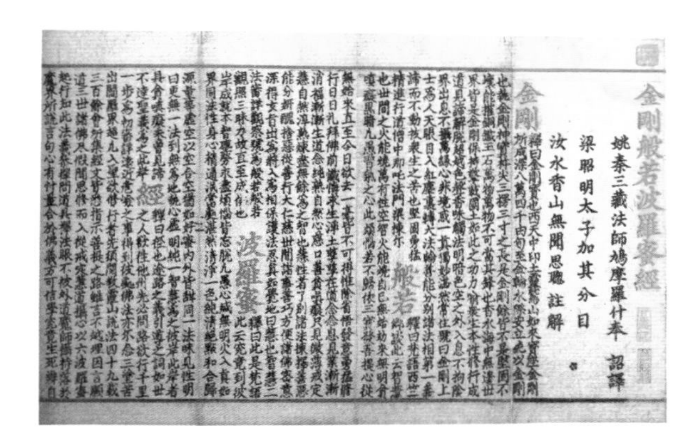
金剛般若波羅蜜經
姚秦三藏法師鳩摩羅什奉 詔譯
梁昭明太子加其分目
汝水香山無聞思聰 註解

图 1–2–48 《金刚般若波罗密经》
元代至正元年（公元 1341 年）

图 1–2–49 中国传统书籍的刊记兼备扉页和版权页的功能

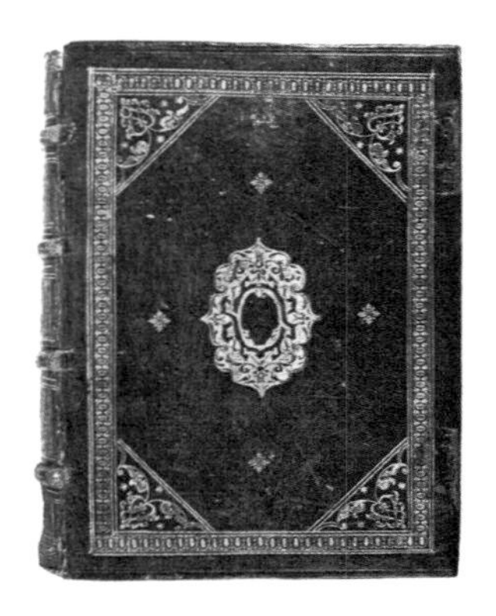

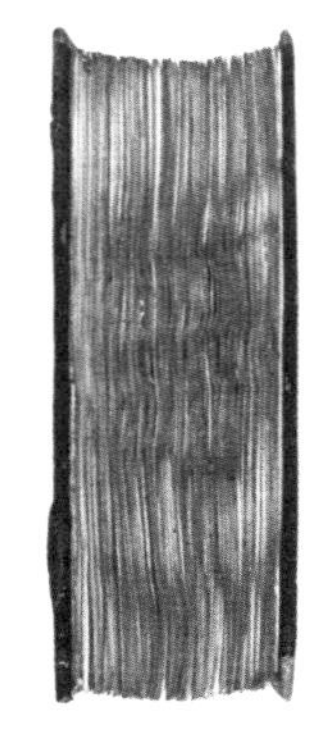

图 1–2–50 西方古典精装羊皮书

4. 中西书籍装帧设计比较

1）中西哲学思想对书籍装帧设计的影响

中西方的哲学在漫长的历史过程当中，渐渐形成了迥然各异的文化精神，从总体上来讲，中国哲学思想体现出来的传统中国文化，非常注重现实性道德修为和建功立业，主要强调学以致用，哲学上说就是有实用主义的倾向。而西方哲学体现出来的西方传统文化，十分注重超越性的精神思辨和批判意识，主要强调学以致知，在哲学上它往往表现为具有一种超越现实生活而遨游于永无定论的形而上学问题的倾向。

古希腊哲学家苏格拉底曾论述过美与效用的关系问题。柏拉图也提出过“有用即美”的观点，他们提出的关于美的本质和审美标准、美和善的关系、实用与审美的关系等理论是西方设计美学建构的理论基础。从这两位哲学家提出的美学观点可以看出，基于科学的理性思维方式这一观点影响着西方的设计美学乃至书籍装帧的设计。

中国的书籍艺术特征不同于西方的书籍艺术特征主要源于不同的艺术观。中国的书籍艺术历来讲究天人合一，用静观的眼光看待世界，并在哲学与文学的基础上追求自我的精神，主张主观的整体观，推崇“气韵”，把“气韵”归之于宇宙的生命，故此，中国的书籍艺术一直把“书卷气”作为追求的目标。体现书卷气最为突出的是明代的木刻与版式、字体形态的组合，并运用“墨分五色”的理论把握书籍艺术中的黑白比例。

中国传统文化中“天人合一”的思想一直影响着中国的书籍装帧设计。例如传统书籍中的版面形式，有一种考证观点认为，中国竖式书写的习惯来自于甲骨文的卜辞。竖式的刻写不是为了书写的方便，而是与占卜所得的卜兆相关，卜兆是“天”的旨意，以“天”为上而延续，形成这种竖式的排版形式。又如传统书籍中版式的各个部分的名称与功能，也体现了“天人合一”这一思想。版面的左边有耳子，称“书耳”。像人的耳朵，美观且能辨音。有了“书耳”，版式也美观了。耳子内略记篇名，查检方便，其作用和耳朵相似。“版口”正来自于人嘴的启示，有吞吐书的内容之作用。“象鼻”有版式呼吸之作用。“书眼”是用以穿线和插钉的孔，无眼则无法固定书。用近似人头的形象创造出书的版面，这是一种文化行为，也是一种哲学思想。

2）中西社会环境对书籍装帧设计的影响

书籍是文化底蕴的产物，是民族文化的主要表现形式，它既反映传统文化又受传统文化的影响。

每个时代都有特定的历史背景，不同的历史时期拥有不同的社会环境、物质生活情景、时代精神风貌，对作品的影响可以体现在题材、思想内涵上，即使是类似的题材，不同时期的艺术家笔下也会有不同的景象。民族性格是由语言、生活习惯、生活方式、生活背景等因素构成的，民族性格特征总在不同地域、国度中体现。例如中西方对于文字的书写方式，菲尼基字母作为西方的最早的表音文字，原初都是横向书写且书写方向为从右到左，而公元前 8 世纪出现的希腊字母却开始将文字的书写方向转变为从左向右书写（中间曾有过来回书写或曰“耕地”式书写的过渡期）。而中国的书写方式则是从甲骨文开始自上而下，自右而左的。也有观点这么说：“所有的表音文字都是横向书写的，而所有表象的文字体系都是纵向书写的”。恰恰这样截然不同的书写方式，使得中西方的书籍装帧形式产生了差异。

3）中西书籍装帧设计的文化交融

中西文化的接触和交流源远流长，早在意大利人利玛窦（Matteo Ricci，1552–1610 年）入华开始，西方文化便逐渐传入中国。中西哲学的交流在基督教传入中国的时候也逐渐开始，并在近代得到了很好的发展。

由于文化的交融，西方技术的引进等，民国时期便可看到中西方文化交融下的书籍装帧艺术。而在今天的信息社会背景下，新技术、新材料、新观念、新思路的不断涌现使我国的书籍装帧设计受到了前所未有的冲击，显示出了中西方文化、新旧文化之间的交流、碰撞，多元化发展下的书籍装帧设计已经发展到一个新的水平。书籍设计不能脱离传统文化和审美情趣，应在民族文化中挖掘并发现其潜在的、代表本民族的本质要素，创建独有的风格，以真正的本土化和民主化设计语言屹立于世界设计之林。

第三节 书籍的形态结构与工艺材料

当一本书从整体到细节都散发一种独特的美感之时，它可能不仅仅是一本普通的书，可以被称为艺术品。从装帧设计到书籍设计，再到书籍形态设计，是从二元表现思维到二维平面思维，再到具有三维构筑的立体思维，甚至到四维时空的发展过程。其中书籍的形态整体设计是书籍组织肌体的“皮肤”到“血肉”的由表及里的立体再现过程，包括书籍的开本选择，装订的形式，印刷工艺以及材料的应用，封面设计及环衬、扉页、版权页、序言、目录、正文等。而另外的神态设计，则是书籍形态设计中左右读者选择与否的关键，也是引导读者阅读书籍、读准书籍的关键。使得读者除信息获取之外能够获得一种超文字和图形以外的享受，读出一种心理情感和想象空间的魅力。

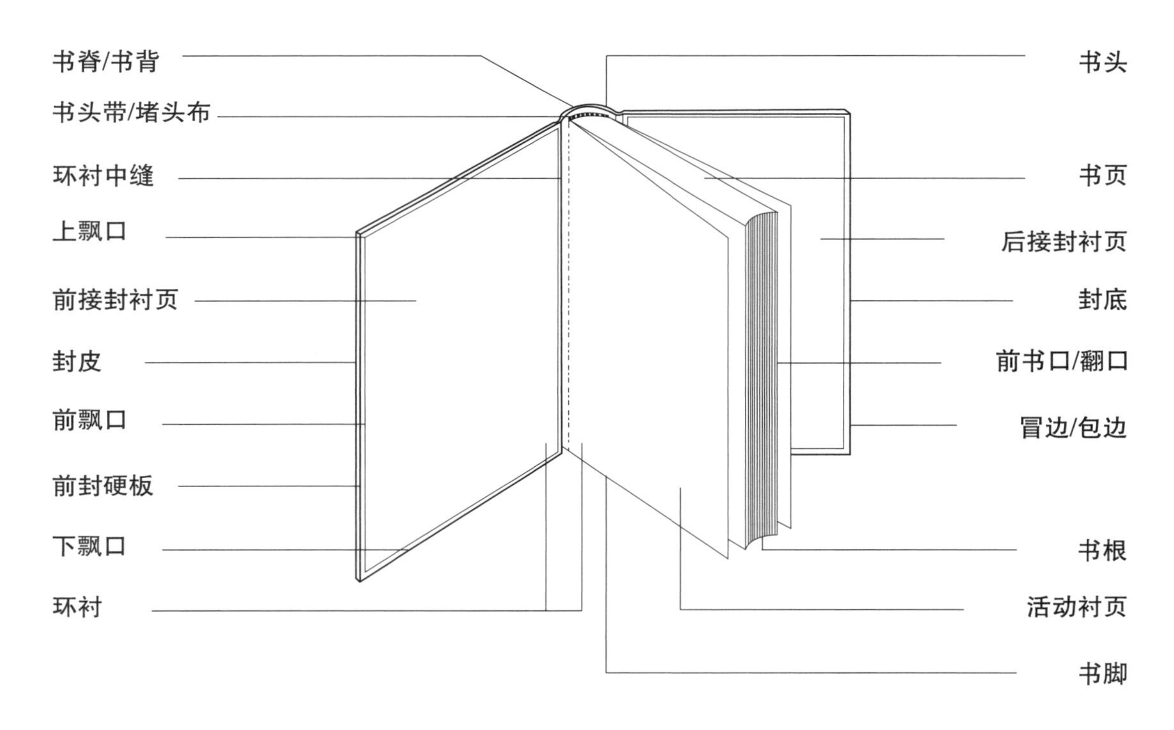

图 1-3-1　书籍结构的各组成元素

1. 书的结构

1）封面、封底

封面亦称书衣、封皮、封一，包括封面、书脊和勒口。封面的内容有书名、作者、出版社和相关设计，封底则有出版机构的条形码、书号以及定价等。

2）书脊

亦称封脊，是书的背面，靠近书籍装订的地方。不论是平装书或是精装书的书脊，通常都印有简短的书名、著者的姓名，有时还印有出版社的名称。其功能主要是为了在书架中识别明显，便于读者查找。

3）护封

是书籍的保护层。 主要用于保护书籍封面不受损坏，护封的纸张通常选用质量较好、不易撕裂的纸张。护封的组成部分从它的折痕来分有前封、书脊、后封、前勒口、后勒口。

4）书函

亦称函套、书套。是包装书的壳、套、盒。一般用于精装书。同时也用于多本系列书籍，除保护之外更有收纳套书的功能。

5）腰封

放置在护封的下方，主要作用是刊印广告语，如同半个护封。设计主要考虑封面的整体风格，以不破坏封面主题效果为主。

6）勒口

亦称飘口、折口。其作用主要是连接内封的必要部分、编排作者或者译者简介及放置同类书目或与书本有关的图片以及封面说明文字，也有空白勒口。勒口的尺寸一般不小于 5cm。

7）环衬

亦称环衬页，是封面后封底前的空白页，连接到封面的叫前环衬，连接到封底的叫后环衬，是封面到扉页和正文到封底的过渡。

8）扉页

亦称书名页，是正文部分的首页。扉页的基本构

图 1–3–2 《吴为山雕塑·绘画》
设计者：速泰熙
2005 年“中国最美的书”获奖作品
雕塑质感的书套，既恰当地诠释了图书的内容，又很好地收纳了四本分册

图 1–3–3 Workout 2004
腰封设计成一把软尺，既成为封面设计的一部分，又可摘取下做尺子用，一举两得。腰封已经不再是广告的专利了，巧妙地利用腰封进行设计，能为书籍的设计增色

成元素是书名、著、译、校编、卷次及出版者。扉页字不宜过多与繁杂。

9）辑封

亦称小封面，是书脊大章节的隔断，每个大章节的封面,章节名称不同,但相关设计需有统一的连续性。

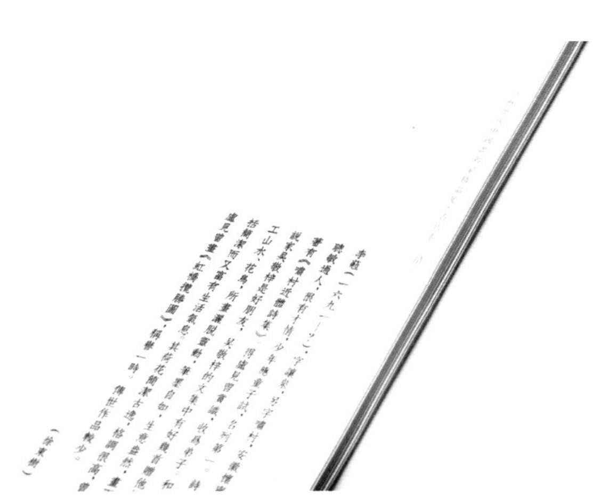

图 1-3-4 《游目骋怀——江苏历代中国画名家精品集·古代卷》
设计者：卢浩
2006 年“中国最美的书”获奖作品
正文的设计独特，符合内容的传统意境，又不失现代感

10）序、自序

是扉页之后、目录之前的一页。

11）目录

在序之后，正文之前。

12）版权页

记录书名、著或译者、出版社、印刷者、开本、印张、版次、出版日期、字数、书号、定价等。

13）正文

书籍主要信息内容部分。

14）页码

页码的标注方式有很多种，可单页标注，可双页标注，具体根据整体书籍的设计而定。

15）页眉

在版心以外，天头附近的空白处表述书名、章、节标题的信息文字。

图 1-3-5 《杂碎集：贺友直的另一条艺术轨迹（上、中、下）》
设计者：吕敬人、马云洁、罗一
2006 年“中国最美的书”获奖作品
页眉已经不再局限于书籍的传统位置。根据版面的需求，设计师也需要对页眉进行精心的设计

图 1-3-6 《曹雪芹风筝艺术》
设计者：赵健工作室
2005 年“中国最美的书”获奖作品
页码不再是枯燥的数字，也不仅仅被置放于传统的位置

2. 书籍的开本形态

1）开本的概念

开本指书刊幅面的规格大小，即一张全开的印刷用纸裁切成多少页。

开本尺寸指按规定的幅面，经装订裁切后的书刊幅面实际尺寸。开本尺寸根据国家标准的规定允许误差为 ±1mm。

2）开本的形式

> 左开本与右开本

左开本为阅读时向左面翻开的方式，左开本大多为横版式，阅读时从左往右看。

右开本为阅读时向右面翻开的方式，右开本大多为竖版式，阅读时从上至下、从右往左阅读（大多为汉字的排列）。

> 纵开本与横开本

纵开本为书籍上下（天头至地脚）规格长于左右（订口至切口）规格的开本形式书籍。通常标注开本尺寸时，大数字写在前面，如 297mm×210mm（长 × 宽），则说明此书籍为纵开本形式。

横开本则与竖开本相反，是书籍上下规格短于左右规格的开本形式。通常标注开本尺寸时，小数字写在前面，如 210mm×297mm（长 × 宽），说明该书籍为横开本形式。

> 大、中、小开本

大开本，一般 12 开以上的开本称之为大开本。适用于图标较多，篇幅较多的著作、期刊、画册。

中开本，大多以 16 ~ 32 开为常见，属于一般开本，使用范围较广。

小开本，小 32 ~ 64 开或更小，适用于手册，工具书。

合理运用开本的大小，是书籍设计的基础。例如图 1-3-8，哥伦比亚大学要求 Sagmeister 设计公司为其设计的年鉴《摘要》，由三本彩色编码的书组成，利用开本的大小结构，设计的每本书都可以插进比它大的那本书里面，形成一种金字塔结构。同

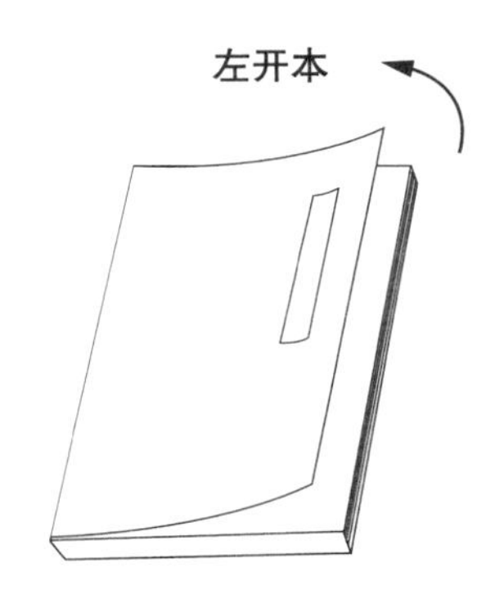

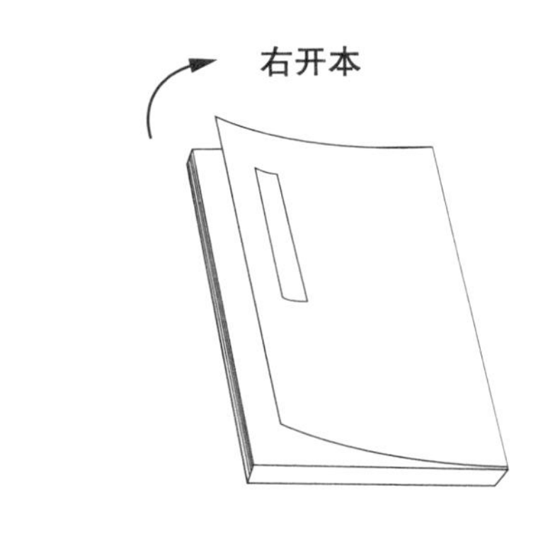

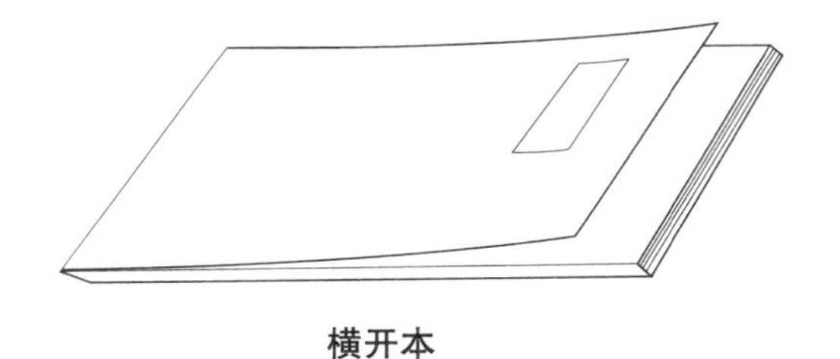

图 1-3-7 开本结构示意图

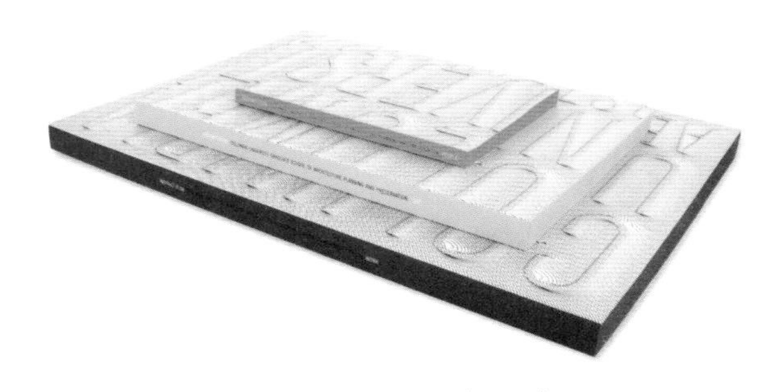

图 1–3–8 哥伦比亚大学的年鉴《摘要》

图 1–3–9 《混凝土建筑联合公司》
staat 创意公司将该书的设计设想成一个空间的打造。该公司与设计师托尼克合作，在书中巧妙地打造勒一个方形空间，使书中有形，形中见形。书中的内容是一个方形，而书的材料则是一个矩形。该设计彰显了混凝土建筑联合公司的世界观，并重点展示了多位艺术家的创意风格。这些艺术家分别是欧文•奥拉弗、弗里兹•库克、达米安•赫斯特、文森特•凡•高、布罗莫斯•苏姆、凯瑟斯•克莱默、班克斯、马库斯•哈维和莫里斯默切尔藤斯。设计师巧妙地运用了开本的大小，将书的内容通过两个不同的开本合理地区分，但又有机地结合在一起。

时合理地利用开本的大小诠释合适的书籍内容。体积小的书里面只有教职工和学生的照片，体积居中的那本书里面只有文本，最大那本书则展示了所有学生的作品。一套精心设计的交叉索引系统可以让读者将几本书的内容联系在一起，大大方便了检索。

> 异形开本

如今印刷等加工工艺的技术的发达，开本的形式发生了多元化的发展，已经不再局限于传统矩形的单一形式，依据先进的切割工艺和不同的装订方式，出现了很多精彩的异形开本书籍。其形式根据书籍的内容、设计师的风格等，形态各异。

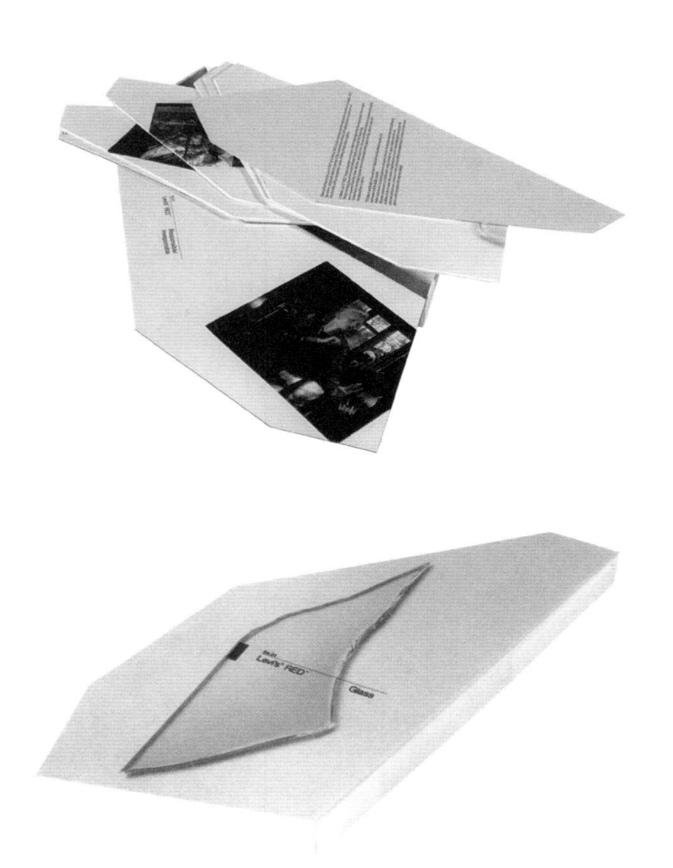

图 1–3–10 异形开本

图 1-3-11 《画魂》

反传统地采用了三角形开本，并借鉴了传统线装书的方式，将其演变成线装与胶装结合的现代装帧方式。整书散发着宁静雅致的气质

图 1-3-12 《印刷数据》

一本关于印刷数据的书籍，设计师抓住了"数据"二字，将书设计成一个数据盘的形态。异形开本，给读者直观的感受

3）开本的功能

开本的功能性主要体现在读者的阅读行为方式以及阅读的空间环境。不同的开本方式、不同的开本大小的书籍承载着不同的功能。

左开本的形式可以适用于大部分现代的书籍，但是当书籍的内容设计为竖版式时，左开本就会影响书籍翻阅时的阅读顺序。相反，右开本的书籍就很不适用于外文书籍的版式，因为外文通常只能横版式，自左向右阅读，竖板式是有悖其阅读方式的。

关于"枕边书"古人这样说道："观书宜马上，宜厕上，宜床上。"榻上品书，自然是惬意的方式。散文、诗集、小说、剧本等文学丛书及文艺刊物的开本一般是 32 开或 64 开，属于小开本，这种开本便于携带，便于拿在手中翻阅，小说有时可以放在床头，有时携带在旅途中随时翻阅，如果是 8 开的大开本，显然不适合在这样的环境中阅读，甚至无法阅读。

画册、期刊等图版较多的书籍，通常会采用大开本的形式，由于内容的需求，如果采用小开本的形式，会导致内容无法更好地呈现，甚至是呈现不出。

所以说，开本的形式直接影响读者的阅读方便与否，同时，不同形式的开本能够更好地诠释图书的内容。

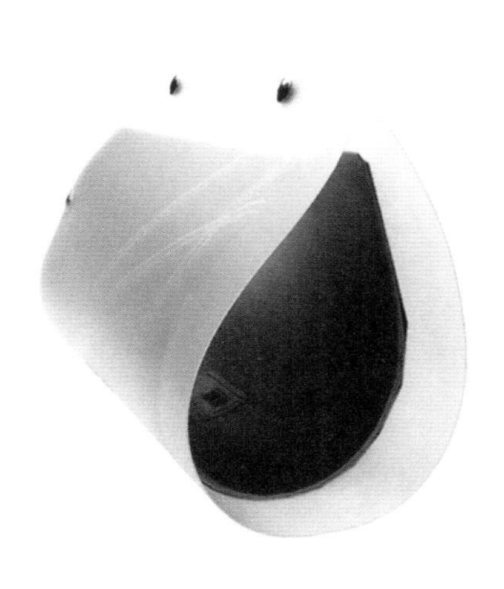

图 1–3–13
这个大开本的书是为伦敦 V&A 博物馆举办吉尔·瑞特尔服装展而设计的。这本书巧妙地设计成可以对折的样式，扣住饰钉后是一个“手提包”造型。书目本身被印刷在特别的塑料纸上，看上去像印在纸上的效果，质轻、可撕裂。有韧性且纹理细腻。封面由有韧性的塑料做成，有黑色的封面、把手及饰钉。四个饰钉由聚丙烯制成。书籍大部分内容是文字和生动的图片，书籍的后面是参展的每件服装及其配饰的插图

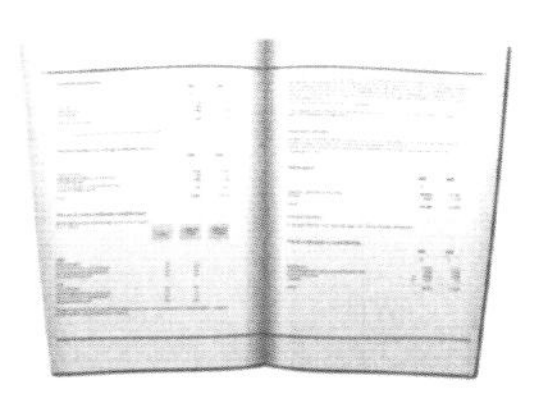

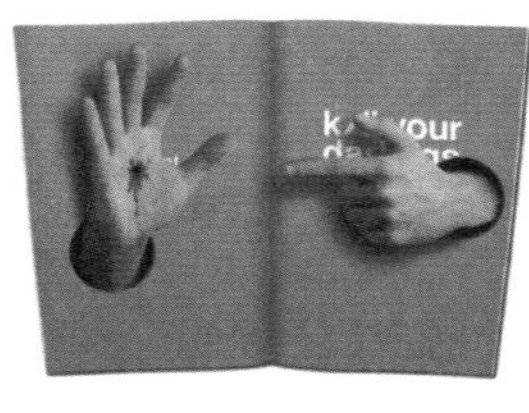

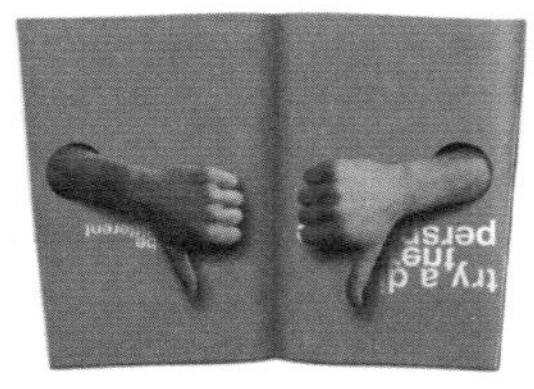

图 1–3–14 *Nedap Annual Report 2009*
Nedap 2009 年报的标题是“与众不同，创造不同”。这便是书中上榜企业成功的核心。设计师正是利用异形开本向读者诠释这一核心

3．书籍的装订形态

1）传统书籍的装订方式

书籍的形态多种多样。从中国的传统书籍到现代书籍，装订式样繁多而且形态丰富多彩。中国传统的书籍装订形式虽然经历了千年的历程，但并未被时代淘汰，相反，更多传统书籍的装订形式被用于当下的书籍设计。

2）现代书籍的装订方式

> 锁线订

又叫串线订。书芯虽然比较牢固，但由于书背上订线较多，导致平整度较差。

> 锁线胶背订

又叫锁线胶粘订，装订时将各个书帖先锁线再上胶，上胶时不再铣背。这种装订方法装出的书结实且平整，目前使用这种方法的书籍也比较多。

> 无线胶粘订

也叫胶背订、胶胶装订。不用书订，不用绳线，仅用胶水粘合书页的形式。由于其平整度很好，目前，大量书刊都采用这种装订方式。

> 塑料线烫订

这是一种比较先进的装订方法，其特点是书芯中的书帖经过两次粘结。第一次粘结的作用是将塑料线订脚与书帖纸张粘合，使书帖中的书页得以固定；第二次粘结是通过无线胶粘订将塑料线烫订的书芯粘结成书芯，这种办法订成的书芯非常牢固，并且

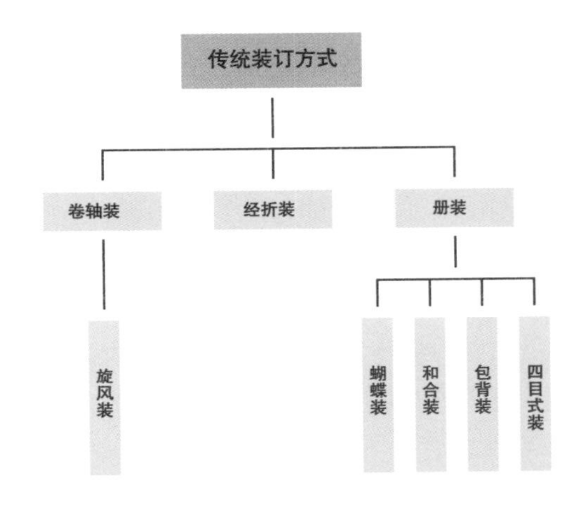

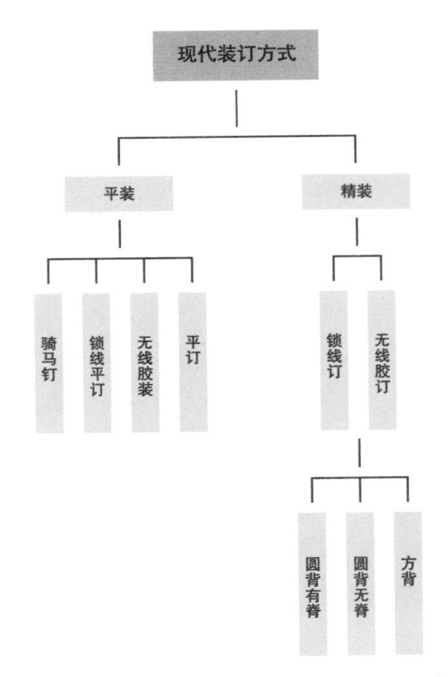

图1-3-15　书籍装订形式示意图

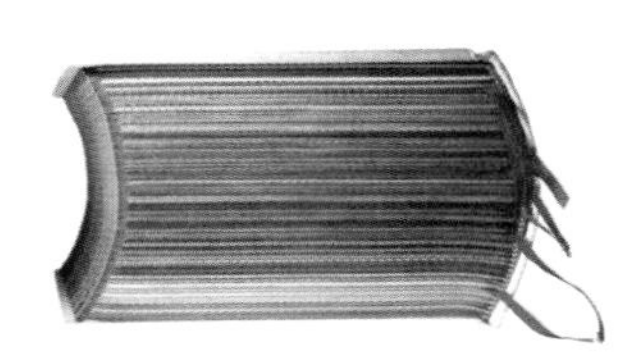

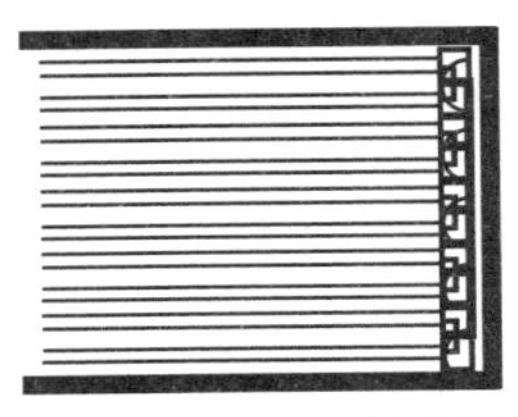

图1-3-16　锁线订

图1-3-17　无线胶粘订

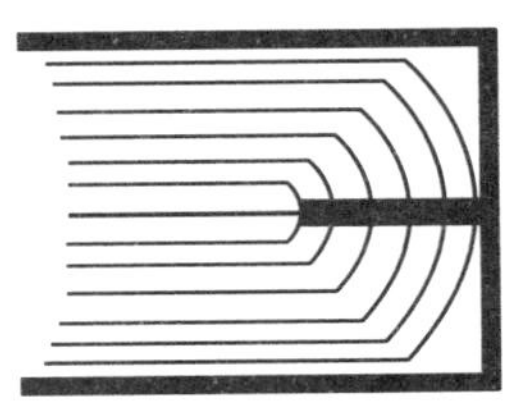

图1-3-18　骑马订

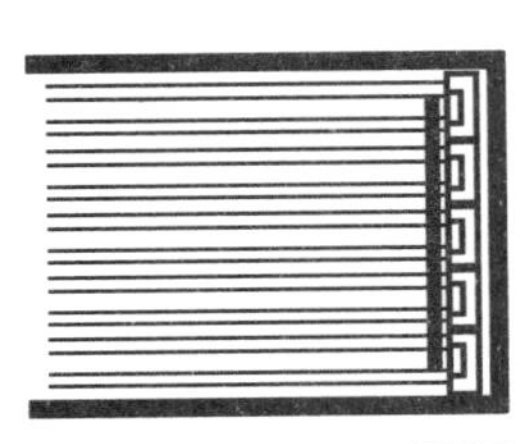

图1-3-19　平订

由于不用铣背打毛，减少了胶质不良对装订质量的影响。塑料线烫订早在 20 世纪 70 年代中期就由德国、引入我国。

> 骑马订

取其于装订之时， 将折好的页子如同为马匹上鞍一般的动作，配至装订机走动的链条之上，装订以后钉子就订在马背的位置上。因此，打开书来看最中间的部分，可以发觉整本书以中间钉子为中心，全书的第一页与最后一页对称相连接，最中间两页也以其为中心对称且相连。书页仅仅依靠两个铁丝钉连接，因铁丝易生锈，所以牢度较差。适合订 6 个印张以下的书刊。

> 平订

即铁丝平钉。是将印好的书页经折页、配帖成册后，在钉口一边用铁丝钉牢，再包上封面的装订方法。用于一般书籍的装订。因铁丝易锈蚀以致书页松散，现已少用。再者，平订须占用一定宽度的订口，使书页只能呈“不完全打开”形态，书册太厚则不容易翻阅，一般适用于 400 页以下的书刊。

3）其他装订形式

除常规装订方式以外，由于设计概念的更新，装订工艺的进步，新材料的变革等，书籍的装订方式也有了更丰富的形式。

图 1-3-20　《2008-2009 年度 Art EZ 艺术设计学校毕业生作品》

图 1-3-21　书籍的装订形式——实验性课题

图 1-3-22　该手册共有六个部分，用最简单的骑马订装订方式，结合折的概念，轻松而又别致地将六个部分通过装订进行了分类

图 1-3-23 *Opinions on Myspace.com*
关于网络轶事的一本口袋书。五色弹力绳装订方式和五彩的内容呈现形式遥相呼应

图 1-3-24 *M.P.B*
设计者：ALicia Wee
采用绳子的缠绕方式替代了传统的装订模式，五彩的绳子与书中的彩页进行了设计上的呼应。装订是无胶方式，既环保又新颖

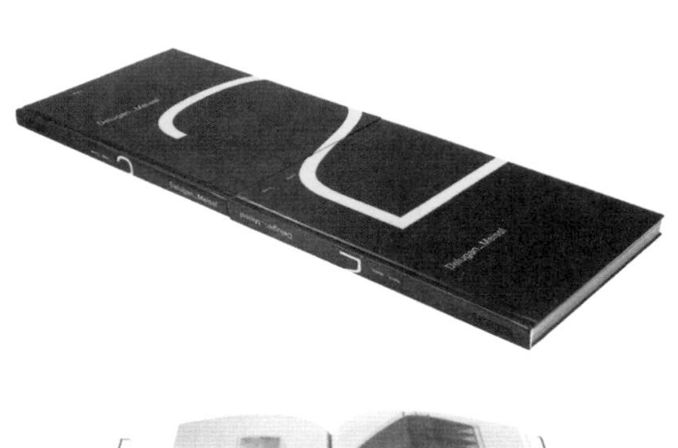

图 1-3-25 *Delugan_Meissl*
设计者：Bohatsch Graphic Design
国家：奥地利
书籍内容是关于奥地利的两个建筑项目。设计师运用特殊的装订方式，将书做成可分可合的两本。将两个项目合理地区分，但又能让读者同时观赏和了解两个项目

4. 书籍的版面综合设计

版面设计是指书籍正文的全部格式设计。版式设计的最终目的是要尽量达到视觉上美观，而且在版式设计的过程中，要将设计风格与书籍本身定位相结合。版式设计具有“广告效应”。版式设计中每一个具体可感的对象，其文字、图像、色彩、线条等形式因素都能够影响读者的感受。

一本书的版式取决于页面高度和宽度的比例关系。有人会将“版式”的大小和书籍的开本进行等同。其实，不同开本的书籍也可以采用同样的版式。通常情况下，书籍根据三种版式做设计：页面高度大于宽度的“直立型”，页面宽度大于高度的“横展型”以及高度和宽度均等的“正方型”。按理说，一本书可以制作成任何一种版式，任何尺寸大小，但由于受到现实条件、印刷技术和美学考虑等种种限制，设计出一款有助强化阅读的版式还是有必要的。

在版式设计中对称是被广泛应用的一种形式。它会给人以稳定、统一、稳重大方的感觉。然而在实践中，绝对对称的版式并不多，而且过分强调对称会使得版式呆板木讷，所以设计师通常都会巧妙运用版式平衡的形式来弥补对称上的不足，例如适当增加版面的不平衡性，也就是将原本绝对对称的版式精心“打破”，这个时候就需要设计师运用综合设计能力来进行设计，打破僵化，制造生动。

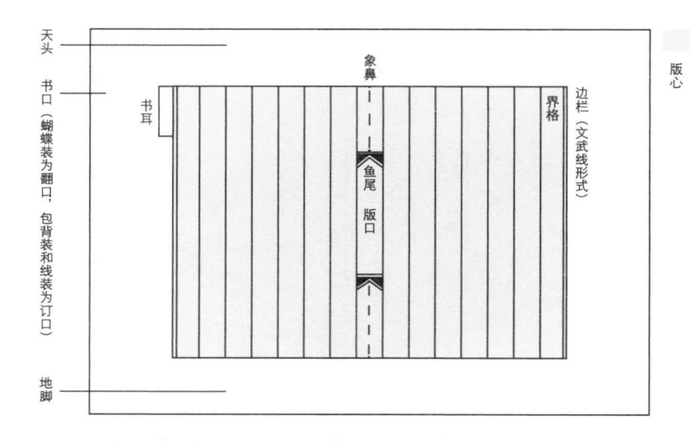

图 1-3-26　中国传统书籍的版面特征及版式各组成要素

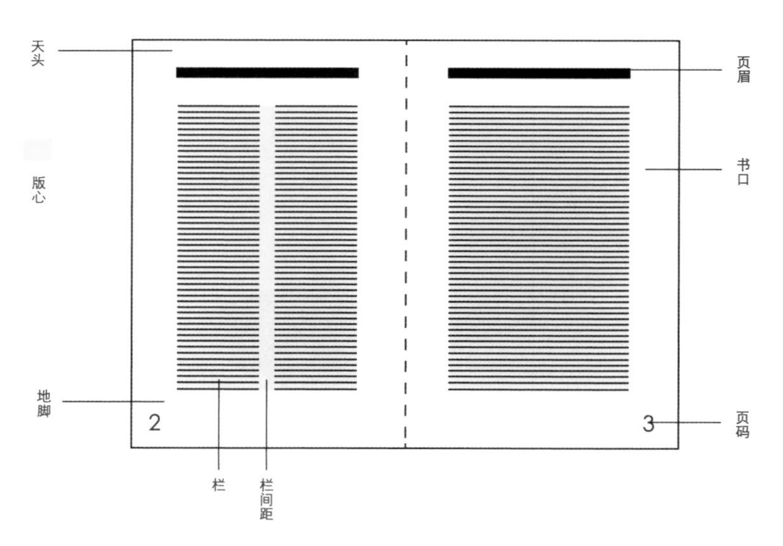

图 1-3-27　中国现代书籍的版面特征及版式各组成要素

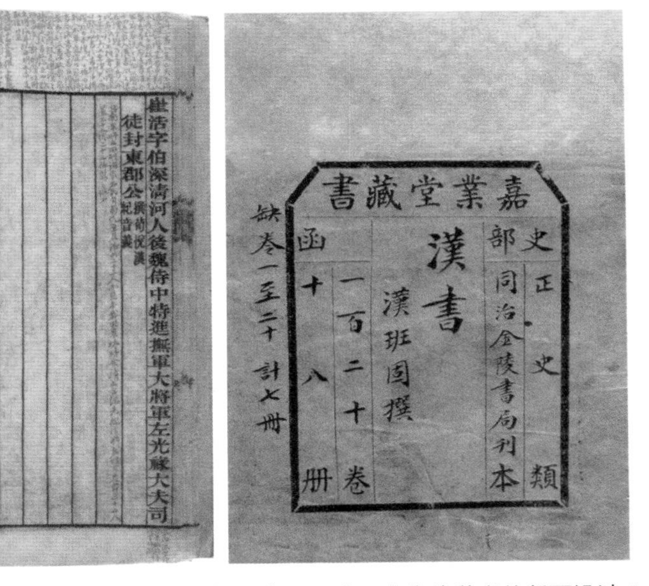

图 1-3-28 《汉书》——中国古代线装书的版面设计 1

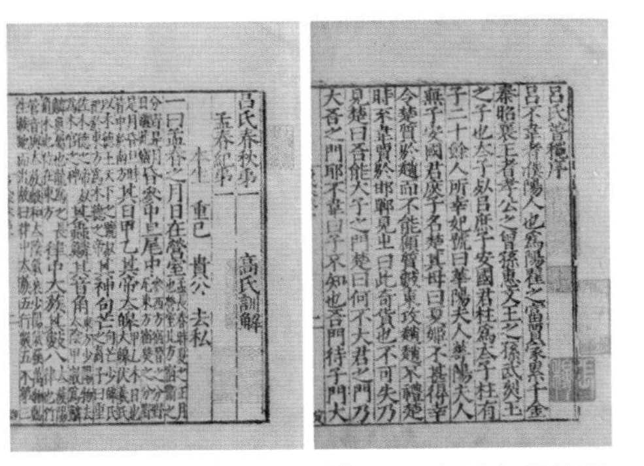

图 1-3-29 《吕氏春秋》——中国古代线装书的版面设计 2

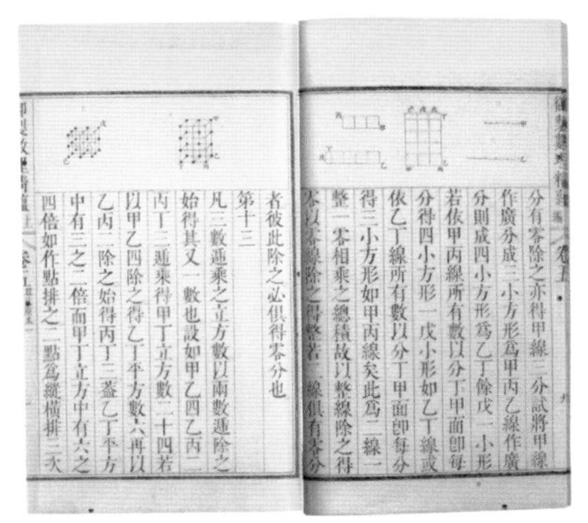

图 1-3-30 《御制数理精蕴》——中国古代线装书的版面设计 3

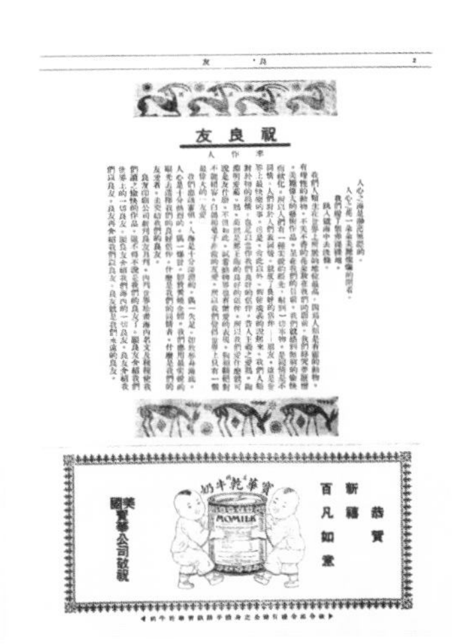

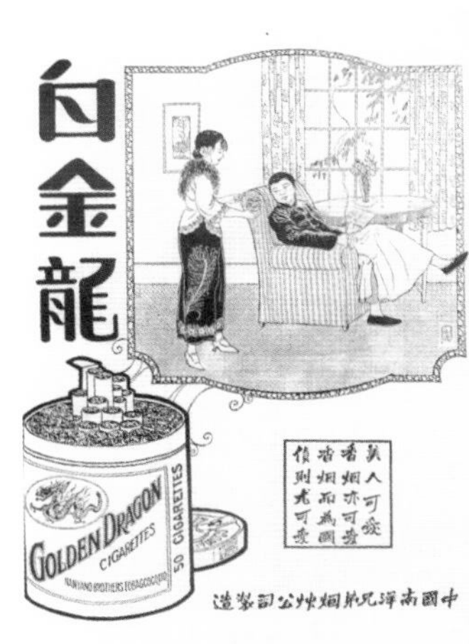

图 1-3-31 《良友画报》1926 年第一期
江南大学大观藏书馆藏——民国时期刊物典型版面设计

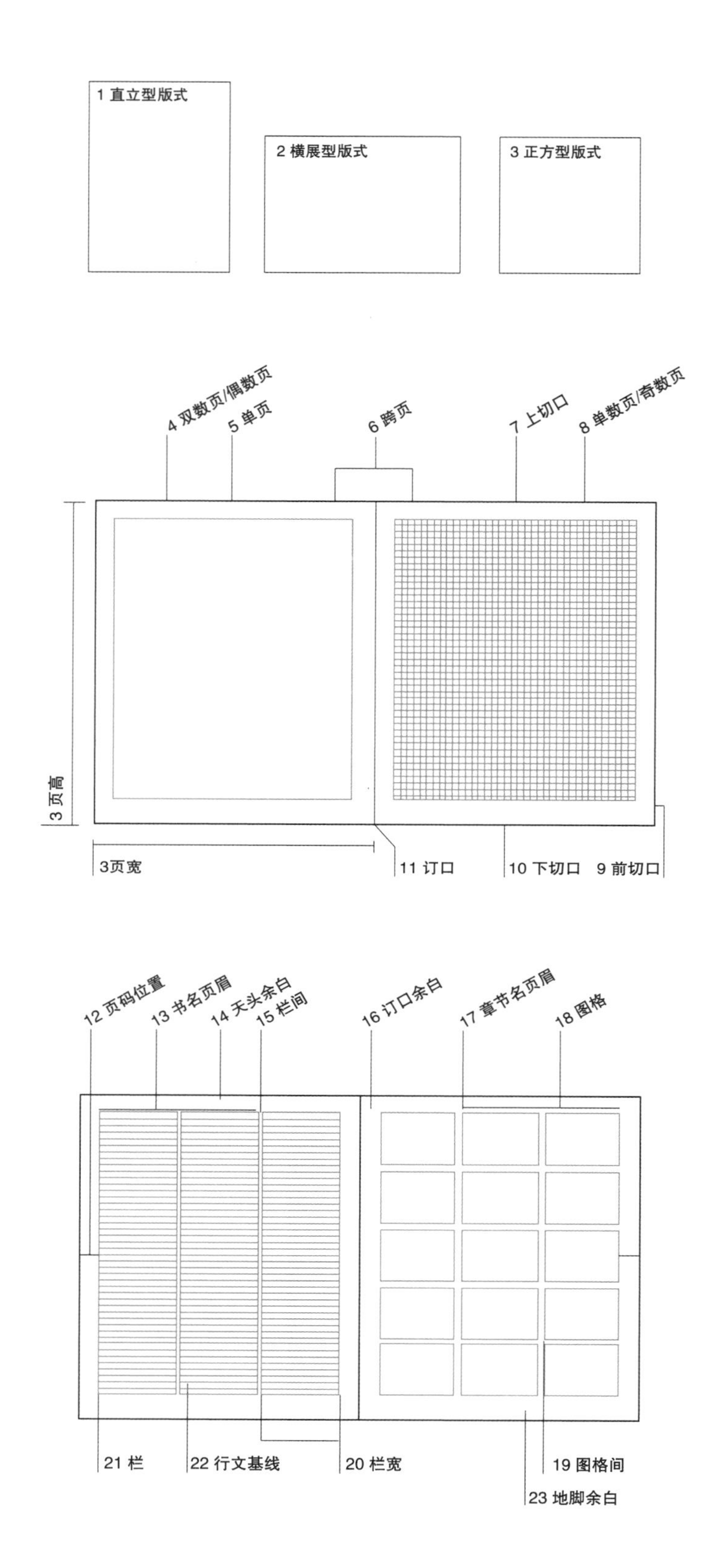

图 1-3-32 现代版式的基本形态分类及版式设计中的诸多元素

图 1-3-33　《刘洪彪文墨》——现代书籍的版面设计
由北京晓笛书籍设计工作室设计，设计者将中国书法特有的笔墨与宣纸的渗洇效果作为设计元素，与现代审美、设计理念和印刷装帧新材料、新方法紧密结合，使得全书内容与形式相得益彰。全书内文版式设计继承了中国传统书籍的版式韵味，但形势丰富，手法独特。设计师很好地利用网格的特性，使得版式在传统中透露着现代的时尚感

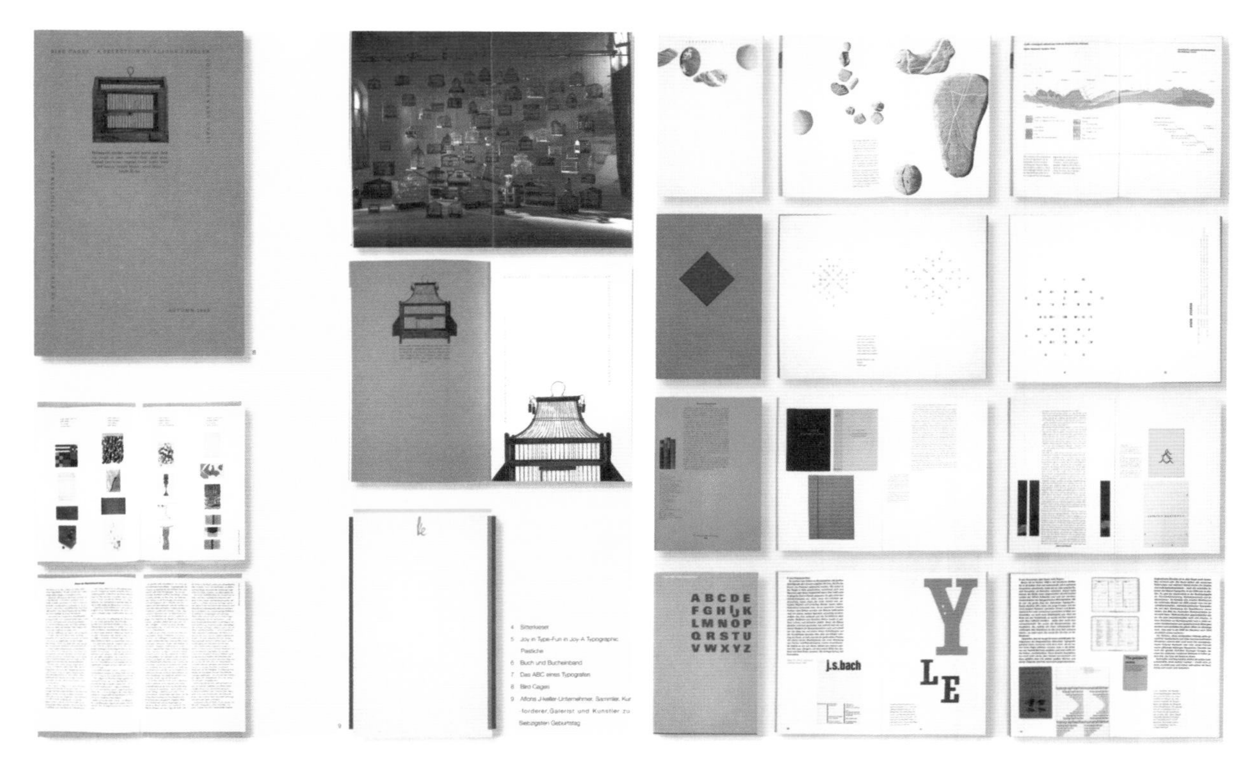

图 1-3-34 国外现代书籍的版面设计 1

图 1-3-35 国外现代书籍的版面设计 2

5. 书籍的工艺材料

材料、工艺技术的使用和发明，对于书籍艺术的发展起到了至关重要的决定作用。这一观点不仅适用于中国传统书籍发展的历史，在世界范围、当下时代书籍形式的多元化发展下，一样适用。

俗话说："感人之心，莫先乎情。"可见情感在人对事物认知中的重要性。在书籍设计中，如何先入为主，用外在的形态打动人心。首先就在于书籍文字与图片的承载物——书籍材质。美的材质是外露而可被感知的，每一种材质都具有自身的个性与情感体现，这需要设计师更好地驾驭这些材质，将它们合理地、发挥最大潜质地运用到作品中。

图 1-3-36 《满文大藏经》经版佛画（满文朱印本）梨木，两面镌刻文字，版四周以披麻松漆工艺加以保护。扉画书版，尤显精美，造型生动，姿态传神

1）印刷技术的影响

印刷术的发展使得书籍的形式趋于统一，书籍版面的形式以及字体的选用也越来越趋于固定化。

由于印刷的需求，刻印本的版面出现了手抄本所没有的形式特征。例如"鱼尾"和"象鼻"的出现，是为了更加准确和快速地折叠印好的书页；又例如牌记，提供了有关印制及刊刻者、刊刻时间和刊刻地点等方面的信息。

中国古老的文化传统中很早就致力于文字的复制。人类早在公元前 1000 年左右，浮雕的阳文印章和字范的应用以及后来使用雕刻 100 多字的大型木章，都表明了古人努力寻找代替手抄复本方式的趋势。在印刷术发明之前，纸和墨的技术改进之后，刺空镂花的纸版复印图案和画像，用纸墨拓印碑文的技术都已经很发达。尤其拓本的技术发展，很近似雕版印刷，从而促进了文字的大量复印的可能性。

> 雕版印刷术

手工抄写是雕版印刷技术中的前期环节。负责抄写的人俗称"誊文工"，由他抄写后翻面贴于木板上，刻工以此雕刻成用于印刷的反字版。因此，雕版印刷的书籍版面与手抄复制的书籍版面形式上基本一致。

图 1-3-37 文津博物馆所藏黑印红印原雕版

图 1-3-38 木活字、铅活字

图 1-3-39 《游目骋怀——江苏历代中国画名家精品集·古代卷》
设计者：卢浩
2006 年“中国最美的书”获奖作品
书籍封面采用纺织品材料，印刷采用丝网印刷等现代工艺

图 1-3-40 *Bulletin*
书籍的切口印刷需要使用特殊印刷方式

由于佛教盛行，唐代时雕版印刷术已被广泛应用。到了宋代，佛经的社会作用被儒家学术取代，而雕版印刷术的采用加快了书籍的复制速度，增加了书籍产量的同时降低了成本，使大量寒门学子受益。

> 活字印刷术

宋代毕昇于 1045 年（宋仁宗庆历五年）发明了活字印刷术，这项发明可以说是进一步提高了书籍的产量和生产效率、降低了制作成本，使书籍得以较大规模传播。此外，活字印刷的材质除了胶泥、陶瓷、木块以外，还出现过铜、锡等金属材料的活字。

> 现代印刷术

现代印刷术工艺种类繁多，主要有凸版印刷、凹版印刷、平版印刷、丝网印刷等。

凸版印刷是用凸版施印的一种印刷方式，是指图文部分明显高于空白部分的印版，如活字版、照相凸版和感光性树脂版等。适宜印刷小开本，如：包装盒、请柬、贺卡、名片、信封、信笺等。

凹版印刷是用凹版施印的一种印刷方式。凹版是指图文部分低于空白部分的印版，主要有照相凹版和雕刻凹版。主要用于钱币、邮票等有价证券的印刷。

平版印刷是用平版施印的一种印刷方式。是指图文部分与空白部分几乎处于同一平面的印版。如：平凹版、PS 版、多层金属版以及无水平版等。常用于书籍、海报、包装、挂历等大量彩色印刷品。

丝网印刷是孔版印刷的一种。孔版印刷是指印版的图文部分可透过油墨漏印至承印物上的印刷方式。丝网印刷印版呈网状，版面形成通孔和不通孔两部分，印刷时油墨在刮墨板的挤压下从版面通孔部分漏印在承印物上。主要应用于织物、玻璃、铁皮、金属板及立体面上的印刷。

2）纸质文化的魅力

纸是信息传播的媒介，是视觉传递的平台。纸张给传递信息、传播文化、表现书画艺术 、推动印刷术等均提供了发展的机遇，是中华乃至世界文明史发展的重要催生物。纸张与人们 的生活休戚相关，纸已是人类生命中离不开的现实存在。

在近代书籍装帧设计中，设计者往往只是在电脑里进行图形文字的平面拼贴，纸张只作为成本最低、最宜携带阅读的基础用材。随着当下设计概念的转换、设计思维的提升，“书籍装帧设计”逐渐被“书籍设计”所取代，设计者必须从文字、图像、色彩以及开本、装订、印制、材料、时间等多方面进行立体创作；必须对印制材料进行认真的选择和把握，从而充分彰显充满个性的纸张的魅力。

一本书的整体书心、印刷的表面以及内页，基本都是由纸来组成的。因此，在做书籍设计之前，重要的一步是需要了解纸张的物理性质，熟悉各种可供书籍设计的不同纸张。

纸张具有以下物理特性：大小尺幅、重量、厚度、纹路、透光性、表面梳理以及颜色。在做书籍设计时，为书籍挑选合适纸张的同时，还需要考虑价格、供应，以及纸张的着墨性、再生原料的含量等细节问题。

> 纸度
纸度即为纸张的规格。在手工造纸初期尚未制定纸度的相关标准。19 世纪工业革命后，就需要对纸张制定规格标准，以配合机器印刷作业的流程。主要标准纸度分：ISO 纸度、北美纸度和英伦纸度，中国主要实行的是 ISO 纸度。

> 纸重
纸重即为纸张的重量。纸张的测量方式有两种，一种为北美地区的测量方式，是以“一令”即五百张全纸的磅数作为计重基准。另一种测量方式较为普遍，是以每平方米的纸张的公克数作为纸重单位。后者的方式与纸张的大小规格完全无关，用来比较不同纸重的纸张较为简单易懂。比如 50gsm 的纸一定非常轻，240gsm 则必然重许多。

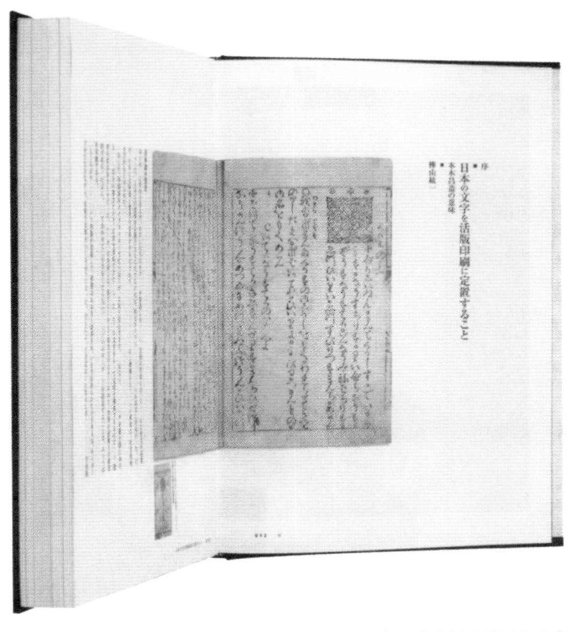

图 1–3–41 《日本的近代活字》
设计者：胜井三雄

图 1–3–42 《记录之间地空间和地点》
这本书囊括了被邀请的画家和音乐家的即兴作品。设计试图为 CD 盘设计一张非常特别的封面，最后终于找到了解决方案，那就是为其设计一个透明的封套，展览海报也可以放在这个封套里。选用透光性较好的纸张来诠释书中重叠的内容，一幅又一幅的画，一首又一首的歌

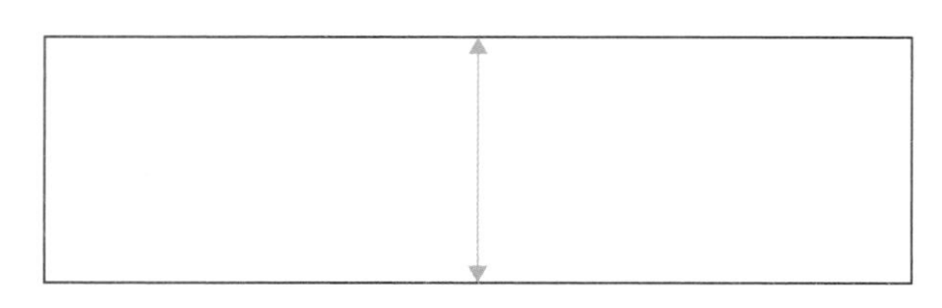

图 1-3-43 横丝：丝流方向横向穿越纸张

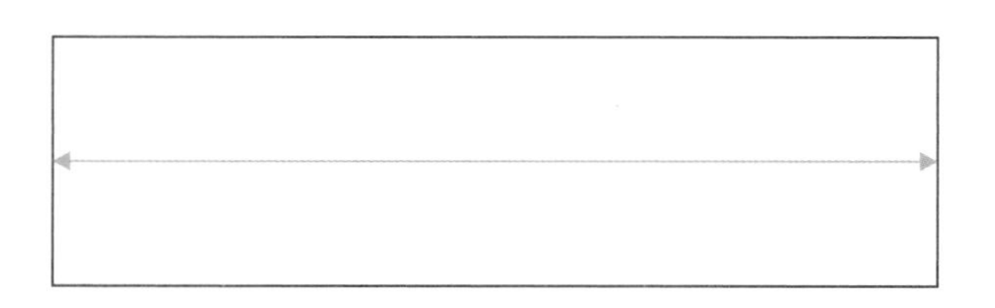

图 1-3-44 直丝：丝流方向顺着纸张长边

图 1-3-45 透光率检测图：把纸张覆盖在这组透光率检测图上，便可肉眼判断、比较不同纸张的透光度差异

> 丝流方向

丝流方向即为制造纸张过程中的纤维分布的方向。丝流方向产生于机器造纸的过程中，手工造纸中则没有。纤维方向顺着纸张的长边则称之为“直丝”，顺着短边则称之为“横丝”。顺着丝流方向可以很顺畅以及平整地撕下纸张，反之则会撕地参差不平。沿着“直丝”折叠纸张，会比沿“横丝”更加容易、更加平整。

> 透光率

透光率即为光线穿透一张纸的程度。透光率主要取决于纸张的厚度、纤维的紧密程度以及表面加工的不同种类。在设计书籍时，透光率是选择书籍内页纸张不可缺少的考虑因素，透光率过高，背页透印会干扰阅读。但是，设计师可以利用不同的透光率营造不同的设计效果。例如透光率高的纸张能产生多层次的透叠视觉效果等。

> 色泽

纸张的色泽主要产生于拌浆过程中加入的染剂。一部分造纸厂可以保持纸张的一贯色泽。但也有一部分（尤其是使用大量再生原料的）造纸厂则会由于原料的不同产生成色的差异。选纸过程中需要细心审视纸张色泽的属性，并且考虑印刷图片之后的效果。

3）特殊工艺及材料的多元化

> 油墨

设计师可根据设计需要选择特殊的油墨，印制专色。例如荧光油墨、感光油墨、感温油墨等，可利用此工艺设计出独特的效果。

> 烫金

通过加热、施压，将金、银、白金、青铜、黄铜、红铜等金属箔料的背面粘到纸上，产生闪亮的金属光泽。

> 拱凸

拱凸是在纸张表面做出凸起的图纹。可在硬板上以照相腐蚀或模印方式形成反向的凹陷图纹，然后再施加重力将硬板压在纸面上，凹陷图纹便会在纸上留下凸纹。

> 模切

运用模切可以把纸张切割成各种形状或在纸上打出空洞。但对切割的尺寸有限定，过于小或者细致的图形无法精确地模切。

> 镭射錾刻

镭射錾刻的费用比模切昂贵，处理速度也比较缓慢，但是能够制作十分精细的切割效果。可錾出直径与纸张厚度相当的极小孔洞。

> 加膜

加膜是在纸张上施加保护层。一般加膜运用的是加热、加压，将一片透明的塑料胶薄膜紧紧附着在纸张的表面。

> 新材料

对新材料进行选择是设计工作的一部分，既不能随意而为之，也不可过多地施以人为的加工，否则会破坏自然的魅力。把握好内容与材料之间的分寸感，就需要了解材质的语言、表情、性格，并通过恰到好处的艺术手段来充分彰显材料的自然之美。

当代书籍设计的材料汲取已经不仅仅局限于纸张了，木材、金属、塑料、织物、皮革甚至是高分子材料、高科技复合材料等都是设计师手中的材料元素。新材料种类繁多，性质也是多种多样的。天然的材料经历大自然数亿年的洗礼，凝聚着自然之美，它的美众所周知。现代科技发展下的人工材料，则有很强的可塑性，可批量生产，成本低廉，补充了天然材料的很多不足。

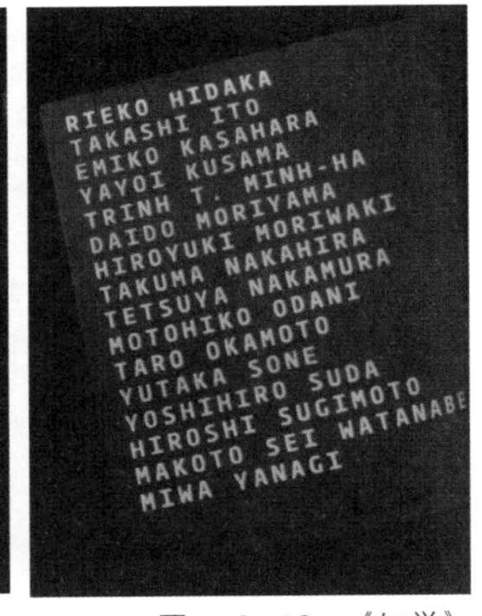

图 1-3-46 《知觉》
设计：Folch 工作室
为 2005 年在比戈举行的 "tiempo y memoria en Japon" 展览设计的推广手册。该手册囊括了 16 位最具影响力的日本当代艺术家的作品，在塑料封皮上用发光油墨进行印刷，在轻型纸 munken 上进行胶版印刷

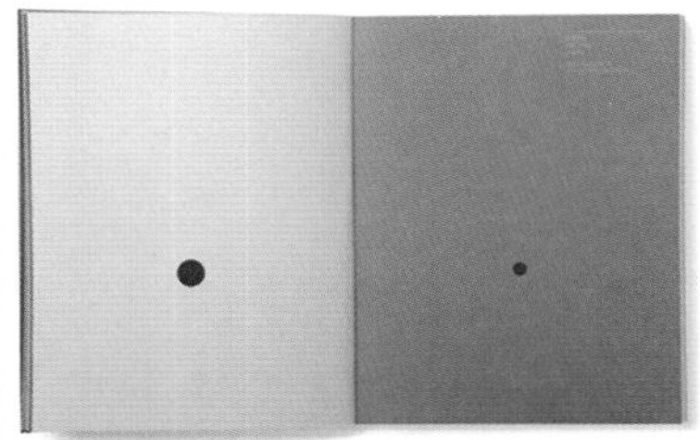

图 1-3-47 *Sirio*
利用模切的方式，层层叠透，制造出每页都不一样的五彩图形

例如图 1-3-48，这本图书主要展现荷兰 300 多个创意公司设计的最新跨界作品，图书的中心议题是“到底什么才是真正的荷兰设计？”该系列丛书分为两个版本，采用双面设计，并拥有荷兰语、

德语和英语三种语言版本。材质对比鲜明，而设计上采用荧光塑料与普通纸板相结合的方式将书页进行装订。这些看似矛盾的包装元素却完美地融合在一起，并向人们证明了运用新材料进行书籍设计的无限可能性。

图 1-3-48　《真正的荷兰设计》

第二章　书籍设计的实训

第一节 时空游走——书籍的趣味互动性设计

1. 课程要求

书籍是捧在手里的立体物，随着书本的一页页翻动，此间产生了时间的流动；从封面到封底，从环衬到扉页再到内文，在读者的视线下，书籍不断变换着空间关系。可以说，书籍是静动相融，兼具时间与空间的艺术。我们要把握书籍每一分钟的变化，引导读者产生情绪的共鸣、记忆的再现以及互动的积极性，从而将书籍推向一个全新的设计层面。

作业要求：从书籍的空间呈现以及时间变化几个方面入手，对书籍的情感传达以及互动性进行研究。运用丰富的设计语言，打破传统书籍的固有形式，从情感化入手，唤起读者的记忆、情绪等。

建议课时：8 课时

作业呈交方式：设计实物及照片，效果图电子文档。

电子文档要求：210mm X 285mm；精度：300dpi；格式：TIFF

作业提示：

（1）以情感化及互动性为书籍设计的切入点，对书籍内容进行充分的情感诠释。

（2）充分考虑书籍的时空特性。

（3）形式语言的选择要结合书籍的内容以及情感特质。

（4）对设计构思进行简短的文字说明。

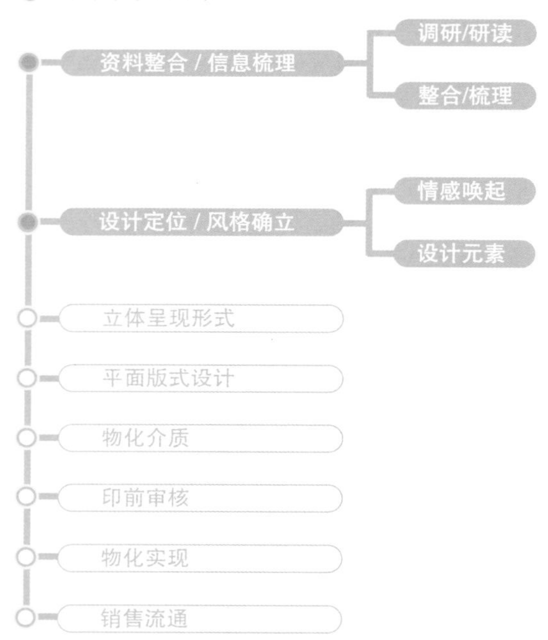

2. 案例分析

图 2–1–1 是一本讲解清代帝王服饰的书，设计者在颜色上采用了明黄色，彰显帝王服饰的气质。全书内容包括服饰的制造、采购、运输以及服饰的形态等几方面。分“内务府”“驿道”“江南三织造”和“尚衣监”四个部分。每个部分都有特殊的结构，可以伸拉，上面有各个部分的文字介绍。正文还设计了插页，配以服饰的图标和文字介绍，可以让读者有步骤地了解图书内容。

图 2–1–2 则贯彻“干净的错误”这个主题，借鉴古代大开本、小版心的设计，以极脏的外皮与洁净

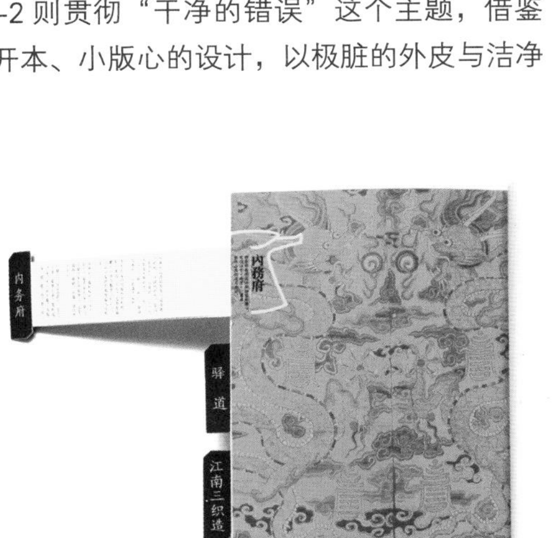

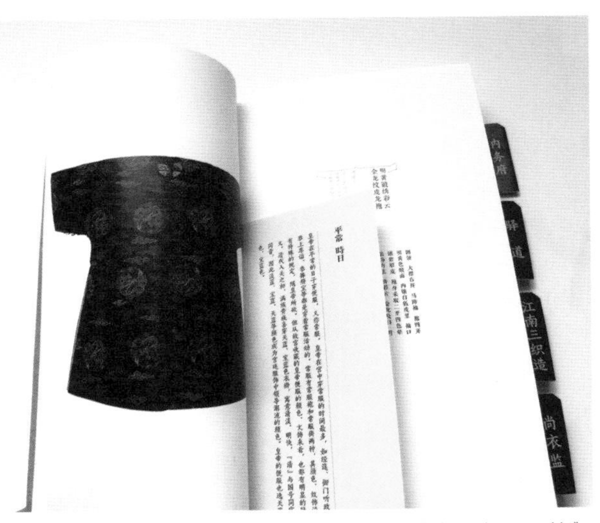

图 2–1–1　《清代帝王服饰》
设计者: 张慧敏
指导老师: 姜靓

的内页形成鲜明的对比。全部用铅笔涂抹而成的封皮，会在打开书的同时将读者的手弄脏，所以在翻阅内页的同时也会将洁净的内页污染。在原本大面积素雅的白色上留下灰黑色的污迹，让人的心理是非常不舒服的。内页越整洁对比反差就越强烈。随着阅读次数的增加，内页会越来越脏。这样对比就更加强烈，让人不舍。

图 2–1–3 的设计主要是寻找一种视觉与嗅觉上的落差感。排版根据内容情节起伏而发生变化。文字在版面上的数量象征着主人公的渴求和希望，从开始每页的单行字，到高潮时的满版文字，最后版面的文字随着主人公的死亡而缩小直至消失。书的前半部分在翻阅中散发着淡香，而页面四周随着主人公希望的破灭逐渐烧焦，并散发着淡淡的焦味。整本书给人的感觉正如书中的一句话：“于是我们奋力前进，却如同逆水行舟，注定要不停地退回过去。”

图 2–1–2　《干净的错误》
设计者：林楠
指导老师：姜靓

图 2–1–3　《了不起的盖茨比》
设计者：陈婧
指导老师：姜靓

图 2-1-4 讲述了 100 种有害的植物。大部分植物都是生活中常见的，但是它们都带有或多或少的毒性。全书根据五种不同的毒性采用异形的开本区分章节。书中每一种植物都是设计者用水彩亲手绘制，并利用水彩与电脑制作相结合的方式，用到了信息图表和版面装饰上，使整本书的视觉效果产生了流动的感觉。设计者还做了大量的梳理工作，将这 100 种有害的植物的生长环境、毒害程度、毒害方式等通过信息设计的传递，使读者能够更加清晰地了解植物的特性。设计者还利用植物的特性制作了书签，用于宣传推广。

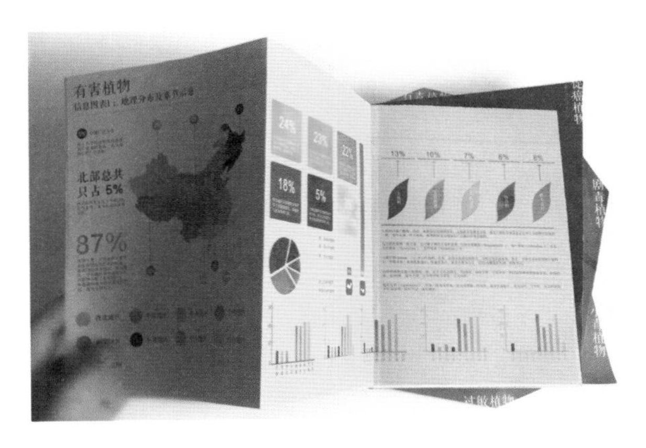

图 2-1-4 《有害植物》
设计者：吴钰
指导老师：姜靓

图 2-1-5 为《围城》与《我们仨》的合本。这两本书分别是钱钟书和杨绛的作品。钱钟书的《围城》写于 1946 年，杨绛的《我们仨》写于 2003 年。《围城》的题记是杨绛写的，而《我们仨》的开篇是钱钟书赠与杨绛的绝句。

《围城》被誉为“新儒林外史”，可它终归是虚构的故事；《我们仨》语言简洁朴素，却是一家三口最真实的写照。设计者通过两本书的背后故事，将两本书联系在一起。运用旋转的形式，从封面到页码，再到文字的阅读，用正反结合、黑白交叉的形式推进情节发展。

图 2-1-5 《围城 / 我们仨》
设计者：王译晗
指导老师：姜靓

白色，干净而没有一点点杂质，却包容了世间所有的颜色，没有比白色更适合村上春树的作品了。

图 2–1–6 为《村上春树文集——列克星敦的幽灵》，七个短篇看似独立实则相连。

每个人都是孤独的，然而在不同的心之间却能产生相似的连带感。阅读村上文字的过程就如同在触碰我们自己的内心一样。心是敏感而柔软的，然而其广度与深度却无法估量。

设计者用白色牛皮纸气泡袋包裹保护着七本独立的白色册子，象征着被保护、被封闭的内心。纸袋外封上的灰色铅字则代表着消逝的印迹。

七个故事的内页版面均采用了不同的版式，与内容情感相呼应。白色柔软、纯净且充满着可能性，却又易污，灰色则代表暧昧与压抑，村上的文字正是内心的语言。

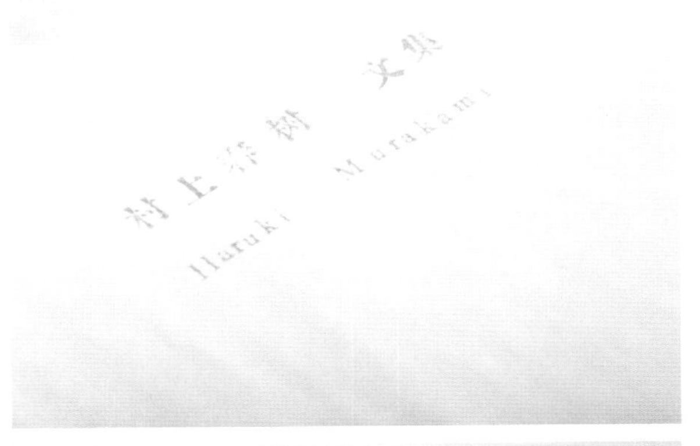

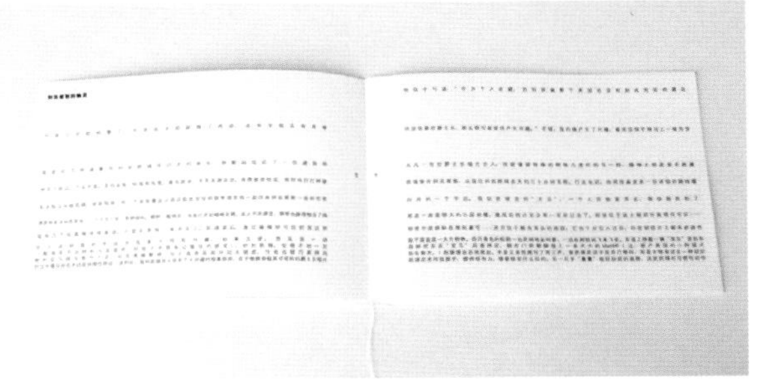

图 2–1–6　《村上春树文集——列克星敦的幽灵》
设计者：刘小梅
指导老师：姜靓

图 2–1–7　《牧羊少年奇幻之旅》
设计者：戴晓月
指导老师：姜靓

图 2–1–7 的设计旨在表现主人公冒险的过程，故将开本设计成瘦长的横开本，版心设计在靠装订的一边，在阅读上人为地制造一定的困难，强化与读者的互动，使读者的阅读体验更加真实。整个版心只占版面的三分之一。留出三分之二的版面作为页码的摆放处，形成干净利落的版式风格。

文字的不同排列样式与情节的平缓、急促紧紧相扣，增加阅读的趣味。耐人寻味的情节使用疏松的文字排列方式，急促时则加大文字排列的密度。

部分文字被隐藏，不易阅读，需要读者亲自去“发掘”，这也模拟了主人公寻宝的过程。当读完这本厚厚的书，克服各处“困难”时，书中那句“当你真心渴望某样东西时，整个宇宙都会联合起来帮助你完成”也会更加深刻。

图 2-1-8 采用简洁明了的改良古书装帧，结合朱砂红的配色使整体大局显得明晰直白。这是设计者反复阅读和理解图书内容、深入了解作者的个人写作风格以及写作初衷而设计的。

全书结合了普通双印与局部页的包背装设计，在每首诗前后页都印有斑驳残留的字迹，体现了对于诗歌内容的理解和存留的印象。

通过版式的感性设计表达诗人的情怀。同样也运用贯穿的手法将原本松散的诗集进行了内容和形式上的串联，使诗与诗之间存在密切的联系，使其成为一个整体。

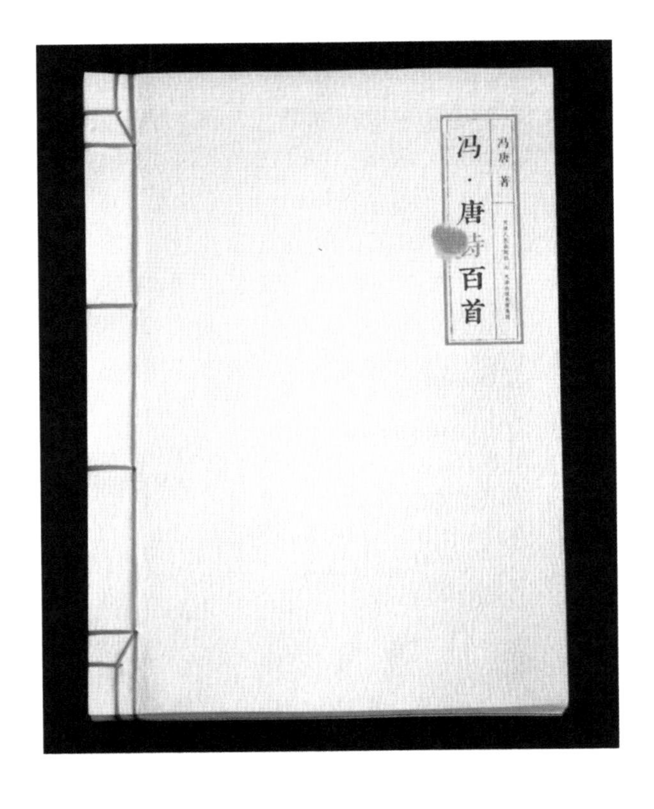

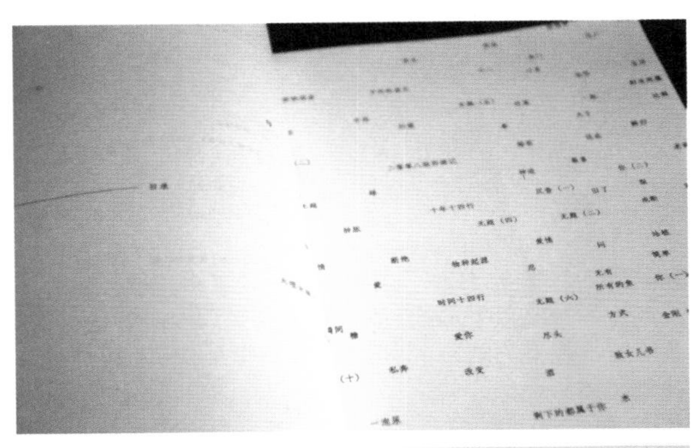

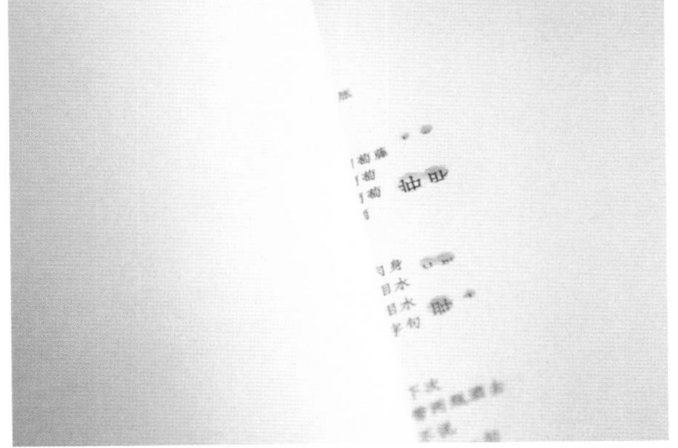

图 2-1-8 《冯·唐诗百首》
设计者: 翟敏慧
指导老师: 姜靓

图 2-1-9 《2009 年映画设计工作室》
本书为一个自我宣传品，其中涵盖了 2009 年该工作室所设计的一些项目。醒目的蔬菜作为封面的图形，利用保鲜袋的包裹方式，告诉读者，蔬菜需要保鲜，设计也需要保鲜

3. 知识要点

书籍的趣味互动性设计

一本书是四维的，除了二维的平面设计感，还需要三维的立体呈现感，最终还需要四维的时空感。随着书页的翻动，便产生了时间的流动，读者的阅读过程就是在书籍里进行时空的畅游。

把握元素与时空的关系至关重要。视觉元素的安置关键是如何形成或创造空间，空间是依据元素的配置场所产生变化的。时空包括了时间，这不能用简单的言语表达，但是在实际的设计中却可以处处意识到。

情感不只来自于感官知觉的激发，更是产生对岁月的回顾和记忆。情感的最深层次和记忆相关，记忆往往伴随着情感，而情感有助于加深记忆。记忆作为一种基本的心理过程，是和其他心理活动密切联系的。记忆联结着人的心理活动，是人们学习、工作和生活的基本机能。把抽象无序转变成形象有序的过程就是记忆的关键。人和物品的交集，留下的不仅是为人熟知的视觉形象，整个接触的过程会促使人们思考和分析，激发人们对周围事物深层次的

图 2-1-10 《坏孩子的天空》
设计: 刘治治
设计师让封面隐藏在一中特殊的可刮材质中，读者可以刮出自己想要的图形，这种刮的感觉就像坏孩子流露的调皮的气息

图 2-1-11 《混合小说》
设计: 阿尔贝托·埃尔南德斯（Go 设计工作室）
尺寸: 125mm×190mm
《混合小说》可以被看做一种集图像和文字于一身的小说文体。在混合小说里，文字和插图、照片、信息图形以及各种印刷手段会被交替使用，以吸引读者的兴趣，增加小说与读者的交互性，并赋予书籍以多种视觉维度的冲击力。混合小说需要读者参与，需要他们亲自来体验

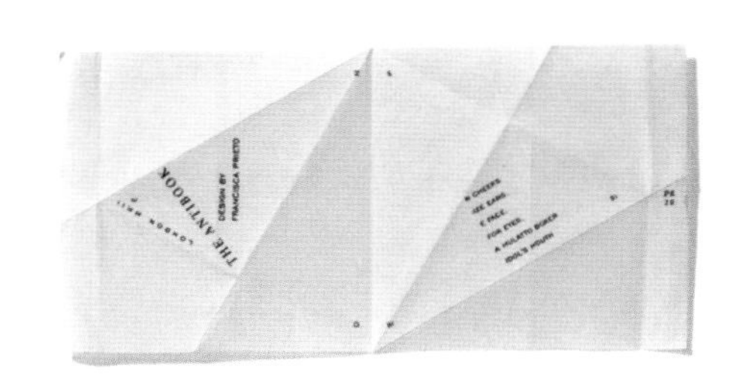

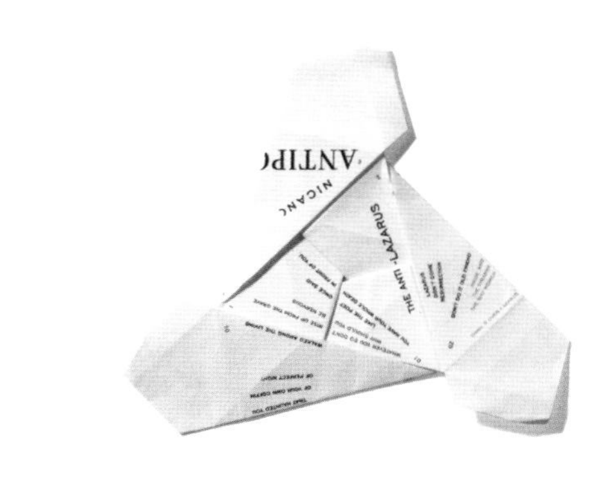

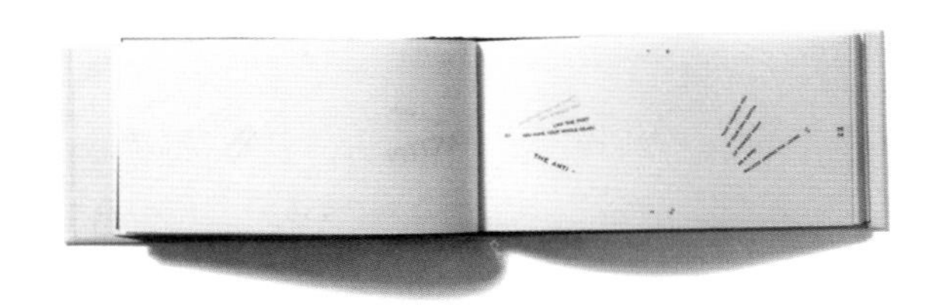

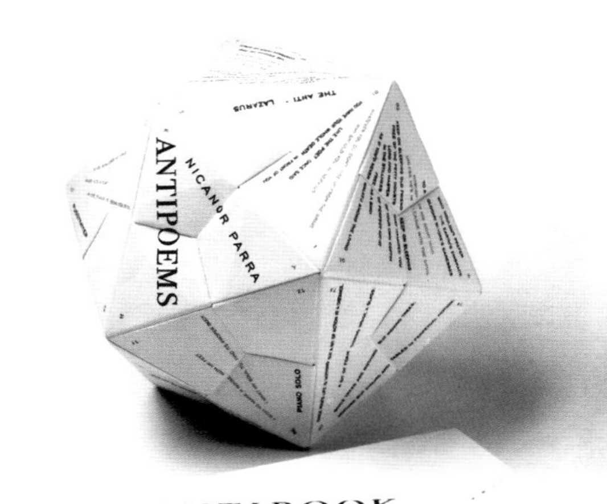

图 2-1-12 《反书》

理解和感悟，使得所交集的物品有了生命的光彩，变得非比寻常，这就是设计中的记忆共鸣。特别的书籍之所以很特别，是因为它们承载着特别的回忆或联系，它们帮助读者唤醒了情感，帮助读者消除对书籍的陌生感与距离感，有助于保持体验的真实稳定和新鲜度。这种由设计引发的愉悦情感，最终成为打动读者的力量，也成为联系书籍与读者之间的纽带。

情感化设计，通俗的理解是，在设计的过程中，设计师将消费者的情感需求与精神需求作为构思理念，最终创造出令人感到快乐和舒适的作品，让人们在体验、接触作品时获得内心的愉悦、增加生活的乐趣。在《情感化设计》一书中，诺曼教授从三个层面阐述了情感化设计的重要性：①本能层次，指产品给人带来的感官刺激，它可迅速对好或坏、安全或危险作出判断，并向运动系统发出适当的信号。②行为层次，指消费者从产品的使用中获得情感，例如成就感等。③反思层次，它是在前两个层次的作用下，在消费者心里产生的情感、意识、文化背景等多重因素交织在一起的复杂情感。只有与消费者的情感需求达到共鸣，才能创造出令人满意的产品。

书籍设计中的情感化设计同样如此，基于对全书的深度理解，用凝练有效的视觉符号语言，唤起读者对书籍的感受和情感诉求。

图 2-1-12 是为了向尼卡诺尔·帕拉《反诗歌》一书致敬，它从视觉上诠释了帕拉“反传统”的概念。为了定义一本典型书籍的传统形式，作者分析了《反诗歌》一书的本质及其抽象元素，设计者将玄机藏在了书中的每个页面里，只有将每页通过折纸的形式组成一个二十面体时，作者才能够读懂书的内容。

图 2–1–13 描写了香港历史及香港普通人物的事迹、生活环境和生活习俗。设计者以“香港”“普通人”为关键的设计初衷，以“红白蓝”塑料袋这个普通却又是香港无人不晓的生活用品，这一视觉设计语言贯穿整本书，唤起读者对香港普通人的生活历史记忆。书中还用到回收报纸和木质夹子等一系列反映普通人生活的用品，自然而不做作，全方位地诉说着那个时代香港人的情怀。

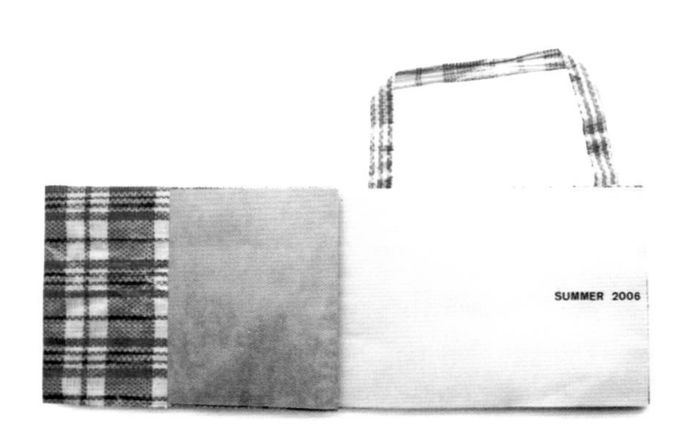

图 2–1–13 《香港遗产的再发现》
设计: Toby Ng 设计工作室

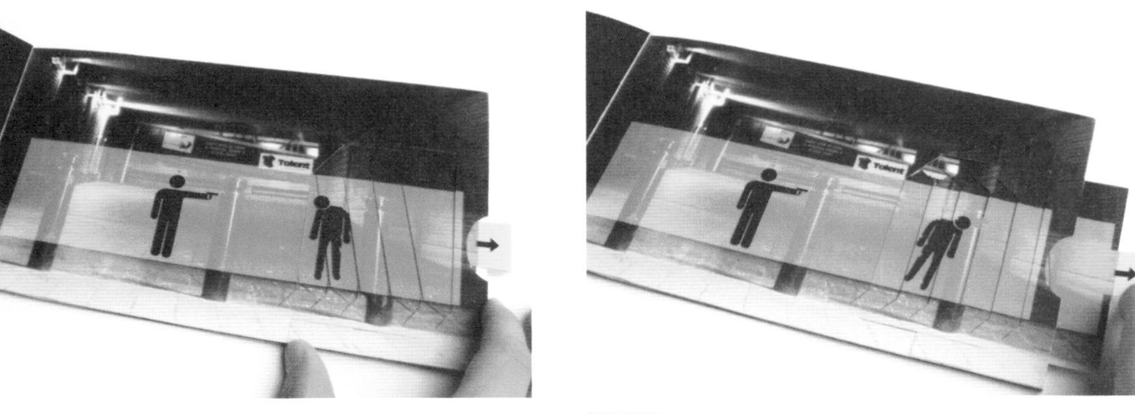

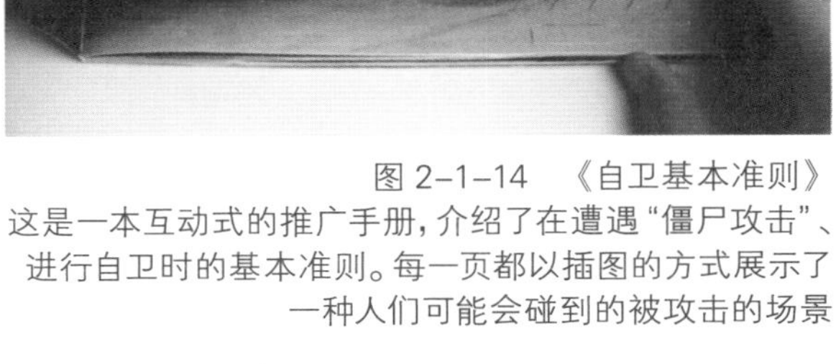

图 2–1–14　《自卫基本准则》
这是一本互动式的推广手册，介绍了在遭遇“僵尸攻击”、进行自卫时的基本准则。每一页都以插图的方式展示了一种人们可能会碰到的被攻击的场景

4. 训练程序

01 **调研**

通过调研，深刻理解主题是信息传达之本，是设计过程的源头，随之才是之后各个阶段开始的可能性。

研读书稿，对所要设计的书籍有全方位的了解。作为设计师首先应该是一位认真的读者，只有通读全书，才能了解所要设计的对象，并对其做出合理的设计构想。其次需要了解书籍的作者，对于作者的了解能够更好地读懂书背后的情感。

以《追风筝的人》为例。这本书清新自然，以新写实的笔法，诉说着温情与残酷，美丽与苦难，它不仅仅展示了一个人的心灵成长史，也展示了一个民族的灵魂史，一个国家的苦难史。这部小说流畅自然，就像一条清澈的河流，却奔腾着人性的激情，蕴含着阿富汗这个古老民族丰富的灵魂，激荡着善与恶的潜流撞击。

图 2-1-15 《追风筝的人》

02 **整合/梳理**

首先是资料的采集，即对于书稿的文字信息和图像信息的收集和整理。其中图像信息如果没有现成的资料，需要通过手绘、摄影或者电脑合成等方式进行设计。

其次是信息的整合，即对于文字信息的逻辑分类，对于图像质量的检查和处理。同时需要赋予信息文化意义上的理解和在知性基础上展开艺术创作，使主题内容条理化、逻辑化，寻找其内在的关系，从归纳中梳理每个环节的线索，以便组织逻辑思维和戏剧化的分镜头视觉思考，由信息元素变为内心的传达。

03 情感唤起

平淡枯燥的文字罗列、无节奏变化的文体结构、千篇一律的字形版式，无文字以外的任何信息衍生……设计师不会满足于这样的单薄感，而是要精心地进行书籍设计，提高书籍的认可性，让读者易于发现设计的主体传达，产生情感共鸣；提高书籍的可视性，让视觉要素一目了然；调高书籍的可读性，便于读者阅读、检索。

设计者还要将司空见惯的文字融入自己的情感，并具有驾驭、编排信息秩序的能力，掌握丰富的书籍设计元素，从中找到触发创作的兴趣点、主格调。

如图 2–1–16，采用简洁的风格，白色的书函，白色的版面，呼应作者流畅自然的文笔。封面采用了全封闭的方式，需要读者去撕开上面的一条缠绕全书的文字纸条，方能打开书，就像读者去摘下风筝的线一般，用这样的方式让人产生趣味互动性。

图 2–1–16 《追风筝的人》

人类对于视觉符号是极其敏感的，对视觉符号语言的感知是人类认识物品的第一步。凝练最有效的视觉符号语言，能够唤起人们的记忆。

视觉符号语言同时具有很强的情感承载功能，巧妙地运用视觉语言符号能够探析视觉元素的不同形式与风格美感，提升视觉设计语言的情感沟通与设计理解力，这是设计师需要做的事情。

“风筝”隐喻自由、自责、期盼父爱的生活状态。风筝在天空中飞翔象征着小说主角哈桑和阿米尔一起度过的如影随形、自由自在的生活。故全书的主要设计元素为“风筝”，从第一页的风筝线开始，贯穿了整本书，全书每一页都被这根红色的风筝线牵扯着、联系着，直到最后一页，全书故事讲完的同时，看到了风筝的所在。

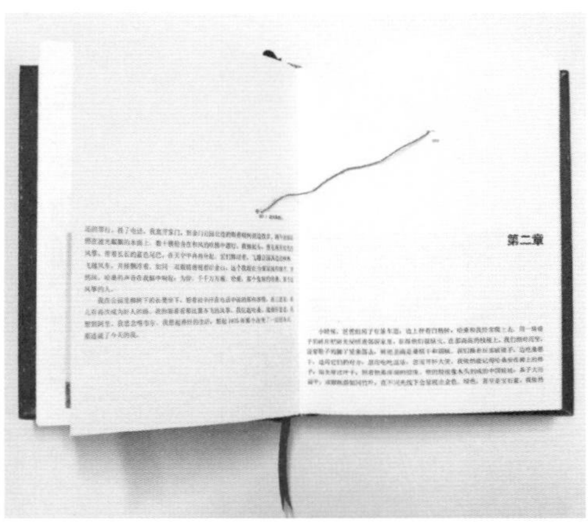

图 2-1-17　阿富汗斗风筝习俗

图 2-1-18　《追风筝的人》
设计者：何嘉琪
指导老师：姜靓

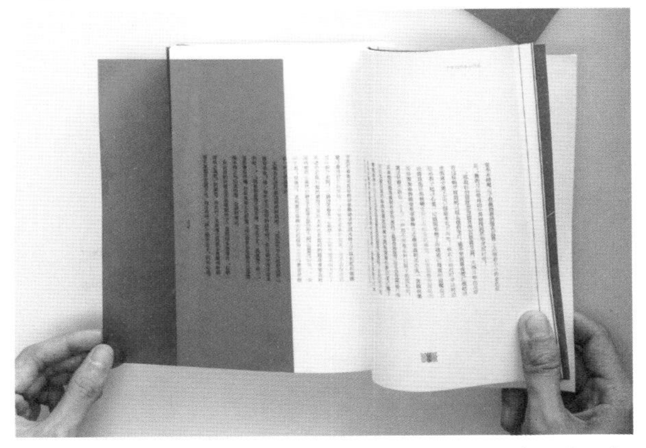

图 2-1-19 《十年后的毕业作品》
指导老师：陈原川
全书用了红蓝二色，干净利落。主要围绕“对话”进行设计。在有对话的章节篇，红色和蓝色的对话文字是重叠的，需要利用红蓝塑料片的覆盖才能更好地阅读，提升了读者对“对话”内容的重视程度

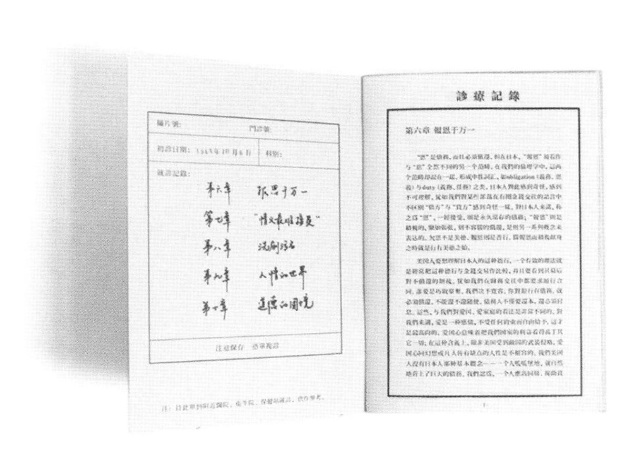

图 2-1-20 《菊与刀》
设计者：丁丹
指导老师：姜靓

第二节 立体呈现——书籍的形态结构设计

1．课程要求

我们曾经以为人与书的关系中读者是知识信息的被动接受者，但事实上读者才是阅读活动中的主导因素。读者的读书环境以及阅读方式直接影响书籍的形态。因此，书籍的立体呈现是抓住读者第一感觉——视觉主导因素的关键。

作业要求：从书籍的开本大小、翻阅方式以及装订的特殊形式几个方面入手，对书籍的特殊形态进行研究。打破传统书籍的固有形态观念，结合书籍的内容，赋予书籍全新的形态理念，为书籍进行立体的设计。

建议课时：8 课时

作业呈交方式：设计实物及照片，效果图电子文档。

电子文档要求：210mm×285mm；精度：300dpi；格式：TIFF

作业提示：

（1）以开本的大小、装订的形式为书籍的切入点，表达对书籍内容的全新诠释。

（2）充分考虑书籍的立体特性，以及各环节之间的关系。

（3）形式语言的选择要结合书籍的内容以及情感特质。

（4）设计构思做简短的文字说明。

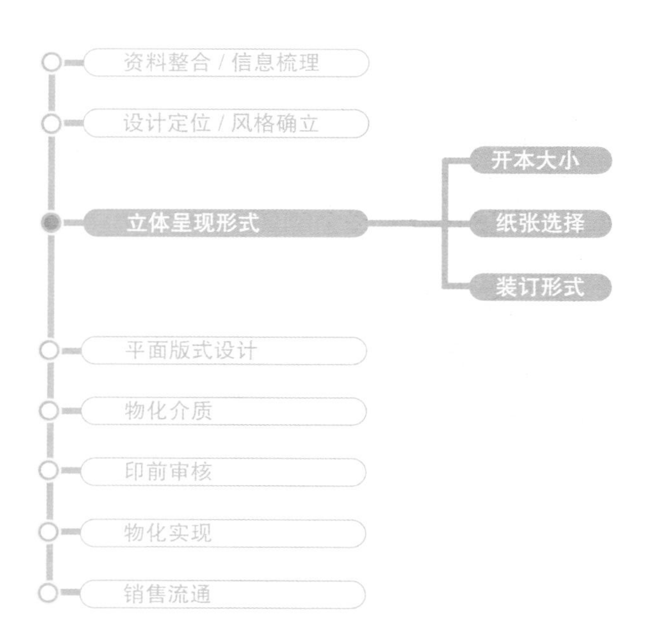

2. 案例分析

图 2-2-1 是浮世绘画师歌川广重的名作之一，描绘日本旧时由江户至京都途中的53个宿场（驿站）——“东海道五十三次”各宿景色。该系列画作包含起点的江户和终点的京都，共有55景。不过有些景色并不完全写实，作者充分发挥了自己的想象。

针对这本书的内容，设计者把书籍开本设定为140mm×350mm，装帧为经折装，由于这本书是以画册的方式出现的，需要更多页的展示效果，经折装的形式能够更好地展示这本书的内容，可以完全打开让多页甚至是全书在一个平面同时展示。然后配上腰封，腰封上印有五十五个驿站的地图与页码，起到目录的作用。

整本书每一幅画就是一个地点，这就构成了整本书的书名《五十三次浮世·浮世绘》。设计点定为用足迹贯穿整本书。

书的右边切口是不规则的形态，这个形态来自于书中画的所在地形成的地图的形态。整本打开可以看到完整的地图形态。通过视觉的效果，将这本书的特征很好地呈现出来。

这本书选用了日系传统色“蒸栗”为底色，书名留白，印在特种纸上，有绵软如布、精致如缎的感觉。书名字体依然运用隐藏横笔画的设计，再加上精致小块的英文字体的点缀，整本书的高品质得到了很好的体现。

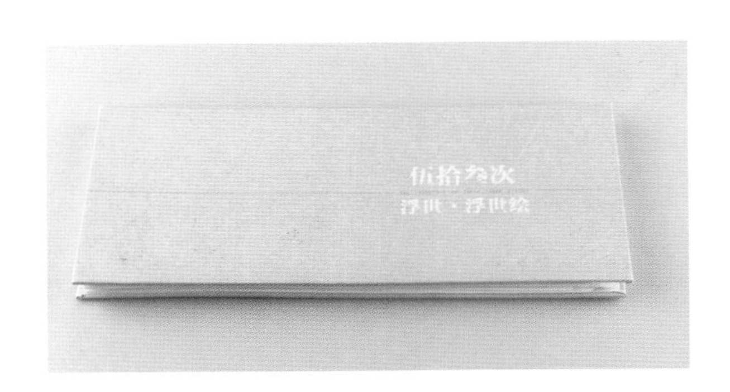

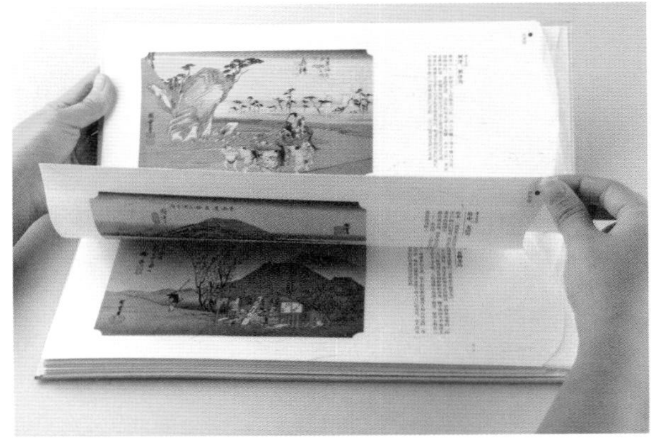

图 2-2-1 《五十三次浮世·浮世绘》
设计者：荆雪皎 周圆
指导老师：姜靓

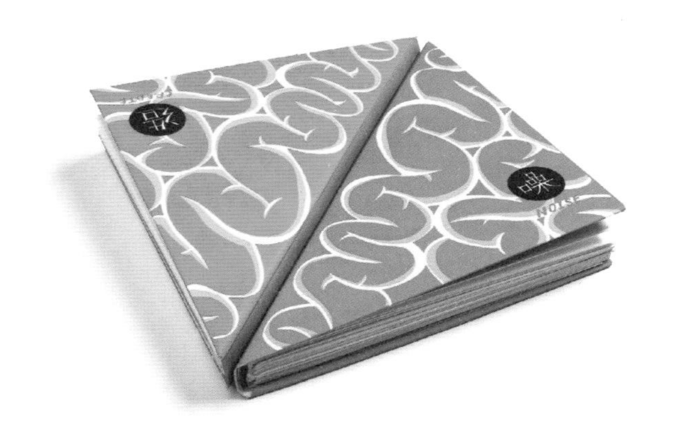

图 2-2-2 所阐述的主题是信息时代的发展以及信息技术给人类所带来的利弊。书籍分为两本分册《造》和《噪》。

《造》一共分为四个章节：自然纪、印刷纪、电子纪、网络纪。四个章节以信息技术的发展历史为主线，简述了人类从最初利用自然力量或利用人力传递信息到现今依托网络、电视、报刊等大众传媒的方式进行更广维度上的信息传播，揭示了传播方式的发展以及进步，展示了信息传播技术的发展给人类带来的便利生活。

《噪》本册一共分为三个章节：体噪；心噪；此噪彼噪。三个章节讲述的是信息以及相关的信息产物改变了我们的生活，又给我们的身心以及社会形态带来了负面的影响。在人们开始意识到发展与生态环境需要平衡的同时，是否也应该思考如何在这个信息爆炸的时代寻得一份心灵上的“生态”平衡。

由于上下两册，彼此之间紧密相连，所以考虑用三角形的开本，既可单独成本，又可两本组合，形式上多样化。同时结合内容，利用三角形这样的异形开本，可以从视觉上体现书籍内容的尖锐内涵以及对社会热点的特殊关注。

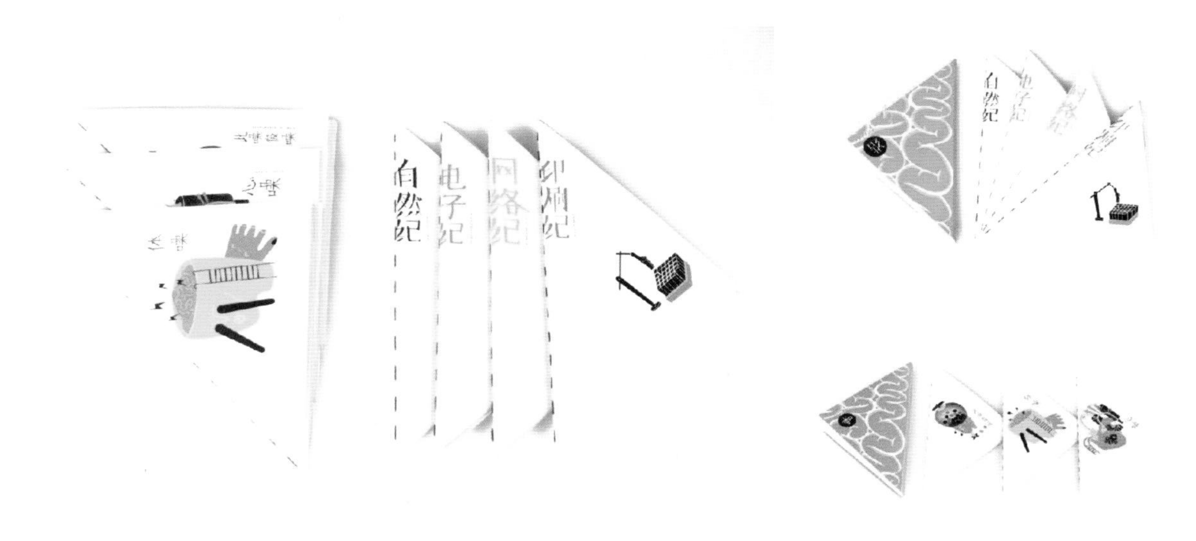

图 2-2-2 《造·噪》
设计者：邓心悦
指导老师：朱文涛

图 2–2–3 版式编排灵感来自于宋代的雕版印刷，墨色浓厚，舒朗悦目。采用瘦长的开本，如同册页，既表现现代的印刷工艺，又保留了古代书籍装帧之美。

图 2–2–4 的开本采用 180mm×210mm。装订方式为无线胶装。全书共收录 23 篇影评及随笔，每一篇影评页面边缘裁剪不同，可从上、下、右三个方向外露的页码中快速翻阅到要查看的页面。目录页面指示位于上部分的篇目可从上边缘可找到，下部分的篇目可从下边缘找到，侧部分的篇目可从右边缘找到。光滑的米白色纸张与纤细的明体字体构成一种宁静的书籍氛围。

图 2–2–3 《看电影》
计者: 郭心怡
指导老师: 姜靓

图 2–2–4 《百家》
设计者: 王心怡
指导老师: 姜靓

图 2-2-5《名侦探的守则》是日本著名作家东野圭吾的作品，由 12 篇短篇小说组成，因此在设计时，将整本书分为 12 本独立颜色的小册子。采用骑马钉的方式装订，用线取代钉。装订形式简单但不失特别。

该书采用小开本的方式，读者可以随身携带，随时翻阅。每章相对独立，鲜明地区分了 12 个故事，每章里还有插页，独立的颜色既醒目又特别。每本册子都有自己的主题，有着不同的颜色和不同的封面设计。

这本侦探小说，还附有守则。在设计时，将作者总结的侦探守则，用不同的颜色和排列方式将它们融入一个异空间。为了不会造成异空间和正文部分的阅读顺序困难，将异空间的文字用线指向的方式插入正文，想看时便翻开异空间，不想看时便合上，也不会影响正文阅读。

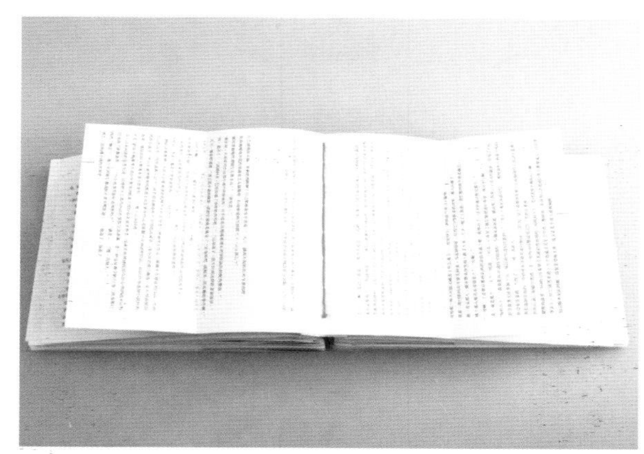

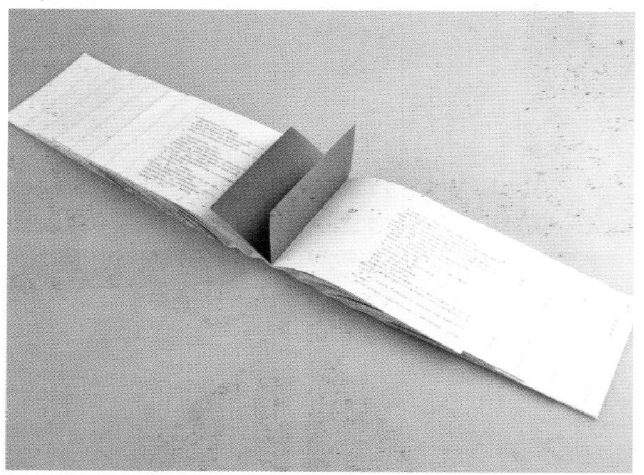

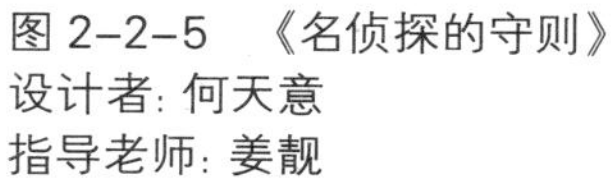
图 2-2-5 《名侦探的守则》
设计者: 何天意
指导老师: 姜靓

3. 知识要点

形态结构的呈现

1）开本的大小

开本不但有其范式的规格和功能，同时开本也具有其自身的审美。

开本是书籍设计中首要考虑的因素，因此开本受哪些因素影响就变得至关重要了。开本设计的合理性体现在三个层面上：一是开本设计给人感官、视觉感受。二是开本设计是否与书籍内容具有同一性、实用性、便捷性。三是开本设计给读者或者是设计者的影响及反思。

书籍的开本直接影响书籍的性格。略宽，驰骋纵横的感觉；略窄，秀丽俏皮的感觉；标准，四平八稳的感觉；略厚，庄重、成熟的感觉；略薄，轻盈、灵动的感觉。当代书籍设计师已经感受到了开本所能带来的情感因素，大、小、厚、薄、左、右、上、下、异形等所传递出来的情感是各有不同的。在设计中，可以看到各种不同大小、不同形式、不同情感性格的开本。

由于现代工艺技术的飞速发展，开本也得到了充分的设计。异形开本的设计方法是设计师手中的一大设计砝码。圆形、三角形、多边形等的不同切割，

图 2-2-6 *Alles ist Erleucht*
这本书描述了主人公在父母离婚后自己如何与命运抗争，最后战胜重重阻碍，实现其个人价值。设计者用看似杂乱无章的开本诠释着回忆的含义

图 2-2-7 *City*
这本书讲述了一个城市中发生的各种故事和看起来很虚幻的事，旨在引导读者去寻找诚实、简单生活的真正意义。运用大小不一的开本、经折装的方式诠释虚幻的意境

赋予书籍不同的形态外衣；微型开本、超大开本的方式，赋予书籍不同的视觉情感。

书籍形态一定要经调查研究和反复修正及完善。从理解书籍的精神内涵出发，达到书稿理解尺度与艺术表现尺度在创作中充分和谐的体现，以丰富的表现手法和内容，使视觉思维的直观认识（视觉生理）与视觉思维的推理认识（视觉心理）获得高度统一，以满足人们对知识的审美要求。

2）装订的方式

装订，是将书籍从印张形态加工成册工艺的总称。装订质量优劣直接影响所装书刊的阅读、保存和装帧艺

图 2-2-8 *Skateboarding Magazine*
设计者：Aleksandrina Ivanova Stefanova
材料：胶合木材
一本关于滑板运动的杂志，采用滑板的形态，木材的材质，全方位立体地呈现出这本杂志的主题

图 2-2-9 *Lunch Book*
设计者：AlessandroGarlandini+SebastianoErcoli
将菜谱做成餐盘的形式，该设计赢得了 2015 米兰世博会餐盒系列第一名，由来自世界各地的不同菜谱组成，既传达了相关的烹饪信息，也可以供人们在米兰世博会期间当做真正的餐盘使用，层叠的结构可以有效增强硬度，并且还有一个小孔，便于携带

术效果。现代书籍的装订包括多种形式的机械化和联动化作业。主要生产工序如折页、配页、订书、包面、切书及扒圆、起脊、上壳等，均有专用机械。相关工序间的各种单机如订、包、切，如配、订、包等组成联动生产线。由于装订工序繁复、品种规格多变等原因，某些辅助性工序及规格、用料特殊或批量特别少的，还有一定量的手工作业。但是总体来说，现代书籍的装订已经达到了很高的现代化程度，生产效率、质量以及成品率均得到了提高。

在追求高效率、高产出的同时，设计师们已经不再仅仅满足于用胶和线来装订书籍了，更多的装订方式和新兴材料给了设计师发挥的空间。从复杂花哨的线装，到松紧橡皮筋，再到金属的铁环，从皮质材料再到复合高科技材料等，应有尽有。

如图 2-2-10 的线装书，在线装的方式上做了改变，既传承了传统线装书的装订方式，又不失现代的时尚感。

再如图 2-2-11 是关于环境管理保护内容的书，用特殊的装订方式，把书装订成一棵树的形态，呼应了主题的同时增加了视觉趣味性。

3）纸张的体验

一册书拿在手，首先体会到的是或结实或飘逸的质感。通过手的触摸，材料的硬挺、柔软、粗糙、细腻，

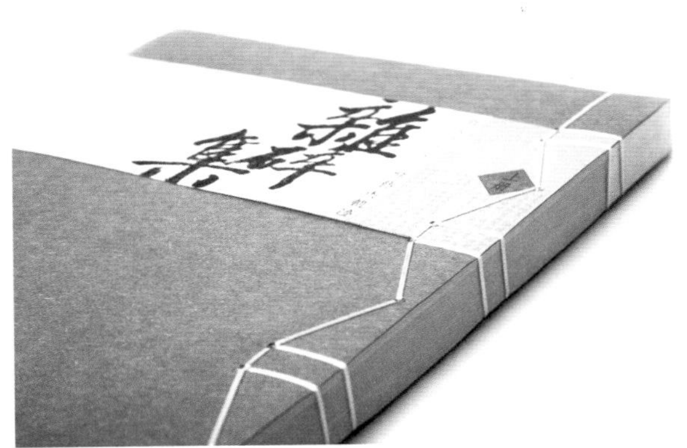

图 2-2-10　《杂碎集：贺友直的另一条艺术轨迹》
设计者：吕敬人、马云洁、罗一
2006 年“中国最美的书”获奖作品

图 2-2-11　*Turn a New Page #2*

图 2-2-12 *Sound ART*

这是为一个电台声音艺术展览设计的一系列目录册。书的右侧有冲压槽，两根橡皮筋将书捆扎在一起。为了与项目相呼应，橡胶皮带上还设计了定制字体，这种字体受旧式立体声系统启发，随着橡皮筋被拉伸，字体也会变大。

图 2-2-13 *BREAKTHROUGH*

TED×Amsterdam 第一次会议的主题就是“突破”。这本书的焦点是儿童如何审视世界。三岁以下的儿童还不懂假设的范围，也不知道现实世界的行为规则是什么。这本书开创了新的视野并提供了很多奇思异想。

一些未来的艺术家、设计师、插图画家和摄影师在书中谈到他们对“突破”这个主题的观点以及被隐藏的或是被忘记的日常之美。本书收录了很多 2009 年 TED 讲演者令人深受启发的文章，另外，本书还讲述了如何去实现“突破”。全书围绕“突破”二字，在裸露的线胶装书脊上印上 BREAKTHROUGH(突破)的字样，使其更加凸显。

图 2-2-14 *BREAKTHROUGH*

这书是为动画公司 Nexus 公司设计的，书套采用了可完全回收利用的材料。胶带的粘合处是一些折叠的 A4 纸，盒子上有一个剥离条，撕开剥离条后，读者就可以看到书了。一组书用特殊的材质捆扎，既实用又美观。

都会唤起读者一种触觉的新鲜感。人们常说："墨香纸润，开卷有益。"打开书，纸的气息，墨的气味，随着翻动的书页不断地刺激着读者的嗅觉。古人读书时，贝叶书细微的沙沙声，竹简书在翻阅时清脆的碰撞声，缣帛书绵软的摩擦声……到如今厚厚的辞典发出的啪嗒啪嗒的强烈响声，柔软的线装书发出的好似积雪沙啦沙啦的静静的微弱声音，如同听到一首演奏美妙的乐曲。随着眼视、手触、心读，犹如品尝一道菜肴，一本好的书也会触发读者的味觉，似品味书中韵味。而整个读书过程，视觉是其中最直接、最重要的感受。这五种感觉的综合作用，使读者完成了阅读的心灵体验，形成了对书籍的总体印象。

纸之美，美在体现自然的痕迹——它的纤维经纬，它的触感气味，它的自然色泽，它由印刷透于纸背的表现力（触感性、挂墨性、耐磨性、平整性）。纸张的美为我们的生存空间增添无穷享受愉悦的气氛。即使在电子数码时代的今天，人们也仍旧在感受纸张的魅力，这是大自然给我们的恩惠，是一种无法替代的亲近感。

图 2-2-15　*for Browsing Only*
设计者：Roy Poh
简单纸张也能做出酷炫的效果。这本书利用纸张 | 撕裂后的特殊形态，为封面增添了不一样的质感。

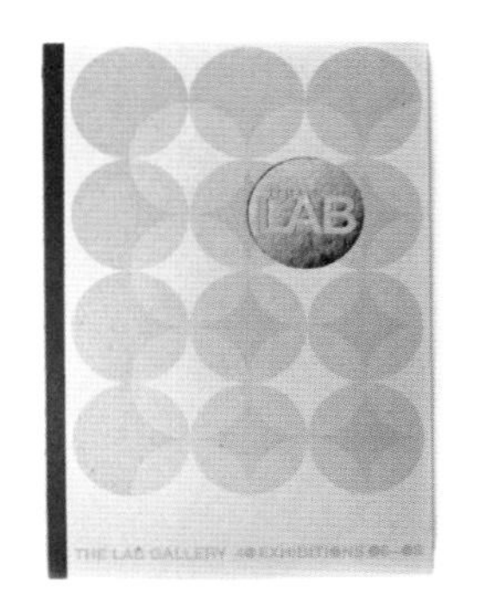

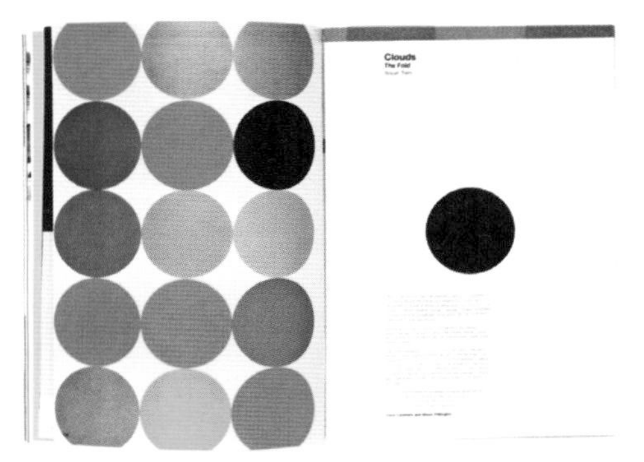

图 2-2-16　《LAB 画廊之书》
设计师：希亚拉·坎特维尔
这本书的设计目的在于向人们展示曾在都柏林市弗利大街 LAB 画廊参展的 40 位艺术家的设计作品。该书是 LAB 画廊整体视觉识别系统的一部分。设计师将原浆纸和四种交替变化的色调以及圆点印刷完美结合，打造一个引人注目、独树一帜的背景，在不干扰展示作品特色的同时，起到良好的衬托作用。

4. 训练程序

05 开本大小

根据书籍的分类属性以及设计风格，确立开本的大小。比如画册，应该选择大开本，可以更好地诠释画品；如果是文化类书籍，应该选择经济便捷的小开本，既节省了成本又便于携带；如果是特殊开本，需要询问印刷厂等相关制作单位，询问制作环节和实现的可能性，预计呈现的效果，从而能够使特殊的开本形式得以最好的实现。

以《光阴》为例。这是一本描述二十四气节的书，全书围绕传统日历的形式做设计。开本上以方形的小开本出现，体现日历的感觉。同时改变了开本的方向，使得全书从封面到内页都是日历的再现，这样也契合这本书的阅读方式。

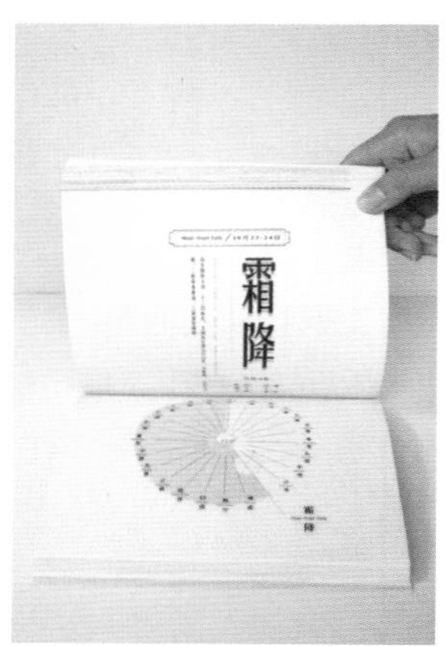

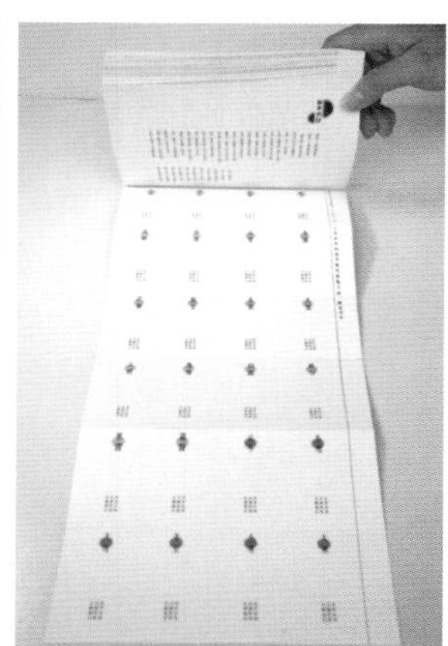

图 2-2-17 《光阴》

06 纸张选择

选择合适的纸张也十分重要。通常正规的纸制品公司都会有相应的纸样，不同质感、不同重量以及纸的大小都有明确标明。可以直观地通过触摸去感受纸张的质感。选择纸张时还需要注意纸张的分类。例如：书籍正文的纸张不宜过厚，否则书会有翻阅困难的问题。纸张的透光性也很重要，如果纸张过于疏松，透光性太强，会影响阅读。封面、环衬甚至是篇章页的纸张可以选择与正文不同的特种纸张，这样可以使得书籍的形式更加丰富。不同造纸厂会不断推出新颖的纸张，索取纸样、时时关心，对于设计工作也是颇有助益的。

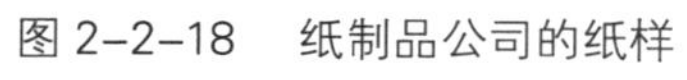
图 2-2-18 纸制品公司的纸样

《光阴》一书在纸张上选择了轻薄的米色特种纸，封面采用透光性极强的硫酸纸，充分体现了“时间”这一概念。

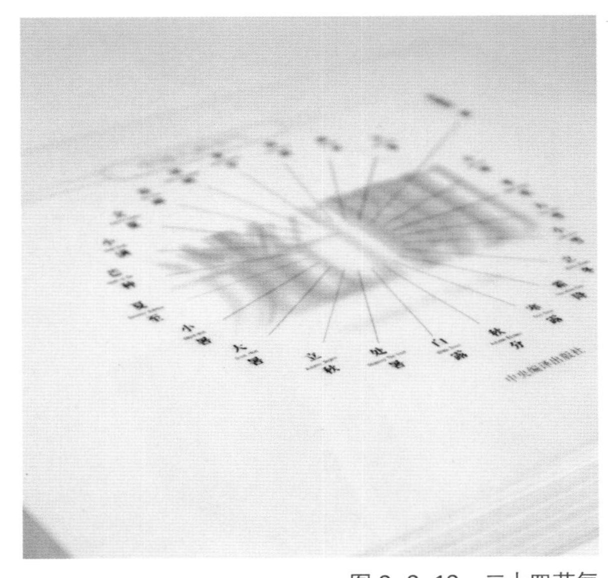

图 2-2-19　二十四节气

07 装订形式

设计读者的翻阅动作，并且根据书籍的开本大小以及纸张的厚薄等物理原因，从而确立书籍的装订形式。例如书籍页数比较多，最好选择线胶装的方式。如果采用无线胶装，在翻阅的时候很容易损坏，页面脱落。如果是裸露书脊的设计方式，那必须选择特殊的线装方式，否则普通的线装视觉效果不好。装订方式的选择也会影响后期书籍的版面拼版问题。

小开本形式的书，若整本书比较厚，内页数量比较多，为了能够更好地完全翻开阅读，在装订形式上宜采用线胶装的方式，既牢固又便于翻阅。

图 2-2-20　《光阴》
设计者：王霜　王雨
指导老师：陈原川

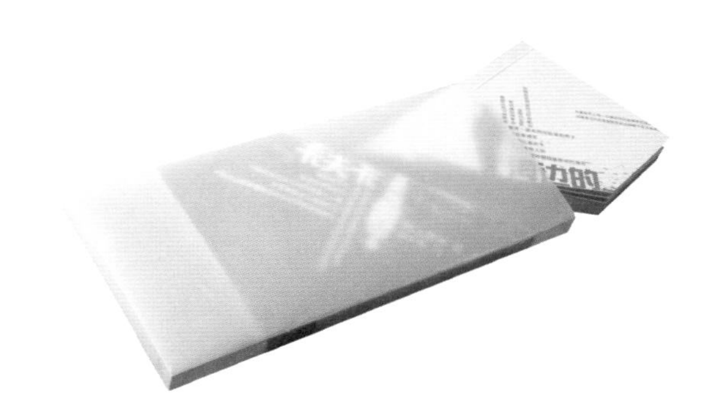

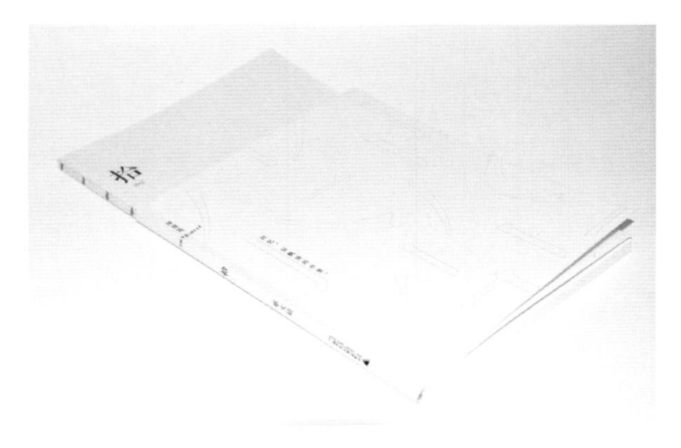

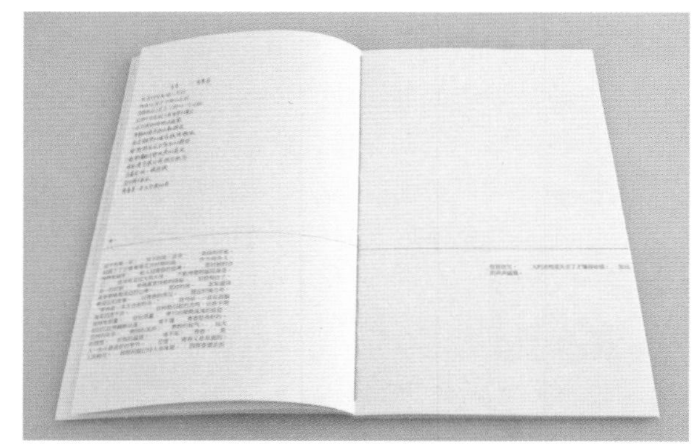

图 2-2-21　《卡夫卡》
设计者：王宇君
指导老师：姜靓

图 2-2-22　《拾》
设计者：蔡文娟
指导老师：姜靓

第三节 平面构成——书籍的版面综合设计

1．课程要求

从游戏入手，抛开传统的表现形式，对书籍所包含的文字、图像、色彩以及版心、综合版面进行前沿性尝试。结合书籍的功能，利用设计的丰富手段扩大书籍的信息范围，让读者享受文字内容以外设计所带来的新体验。

建议课时：16 课时
作业呈交方式：设计实物及照片，效果图电子文档。
电子文档要求：210mm×285mm；精度：300dpi；格式：TIFF

作业提示：
（1）以趣味为切入点，利用平面设计手段，丰富书籍信息传递的多样性。
（2）充分考虑书籍的信息传递形式。
（3）形式语言的选择要结合书籍的内容以及情感特质。
（4）对设计构思进行简短的文字说明。

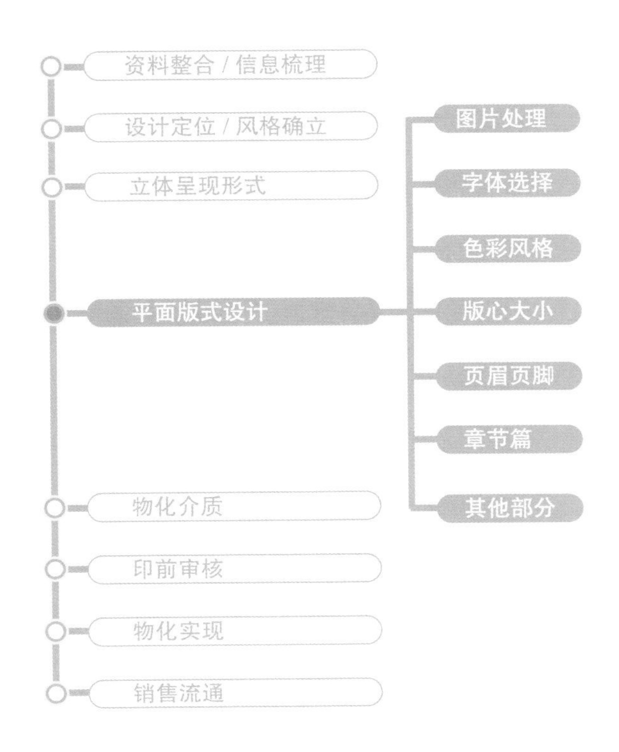

2. 案例分析

图 2–3–1《撒哈拉的故事》将大沙漠的狂野温柔和三毛、荷西活力四射的婚姻生活，淋漓尽致地展现在大家面前。

本书以三毛“我每想你一次，天上飘落一粒沙，从此成了撒哈拉”为线索，于封面表现出沙子堆积和流动的质感，展示三毛虽地处荒芜的大沙漠，却依然安乐于生活、不因生活的窘迫而放弃自身对美好的追求。

本书将每一个文字比喻成一粒沙，在书中不断地流淌着。流动的版面形式，显出沙子随风而逝的灵动性，也表现出三毛那自由不羁的灵魂如同流沙一般浪迹天涯。

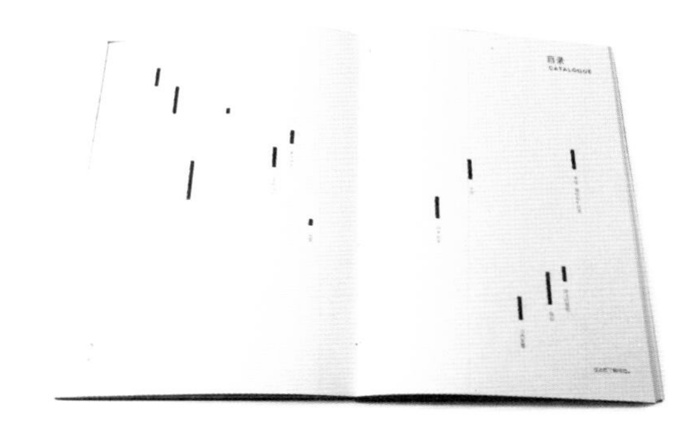

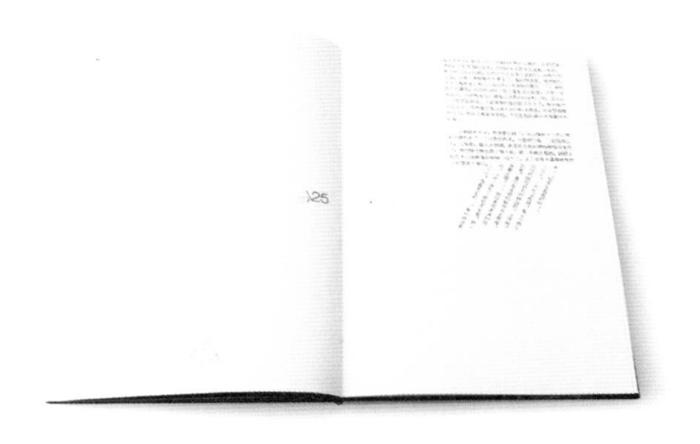

图 2–3–1 《撒哈拉的故事》
设计者: 魏颢
指导老师: 姜靓

图 2–3–2 为江南大学设计学院的培养手册。学院结合最新的教育理念，对课程结构进行了优化。设计者主要针对教学理念的可视化设计进行研究。

全书分上下两册，一册是对外宣传所用，内容涉及学院的学科分布、优势课程以及各大平台。另一册是为学院全体老师和学生所用，有详细的各专业课程信息和教师的最新教学理念。

设计者能合理平衡信息传达与艺术表现之间的关系，书中设计的信息图表，使得学院的教学计划、培养目标、课程设置等通过可视化的视觉形式，被合理地阅读、理解。

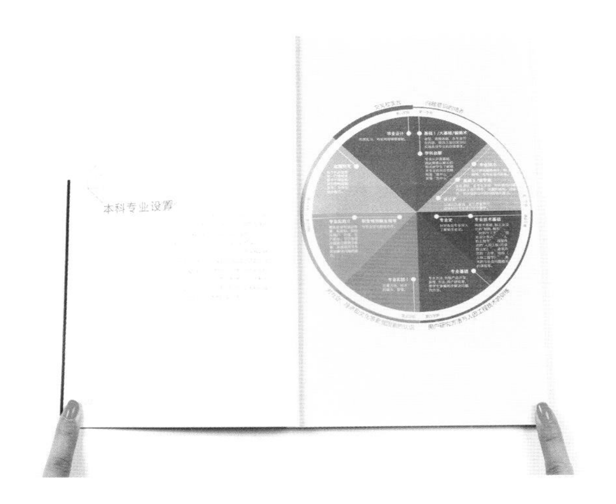

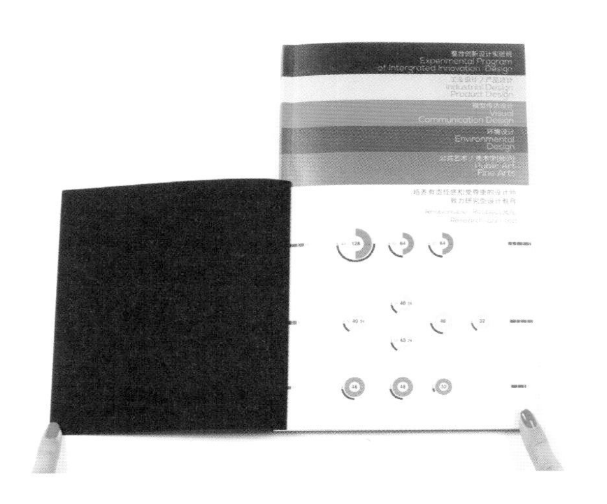

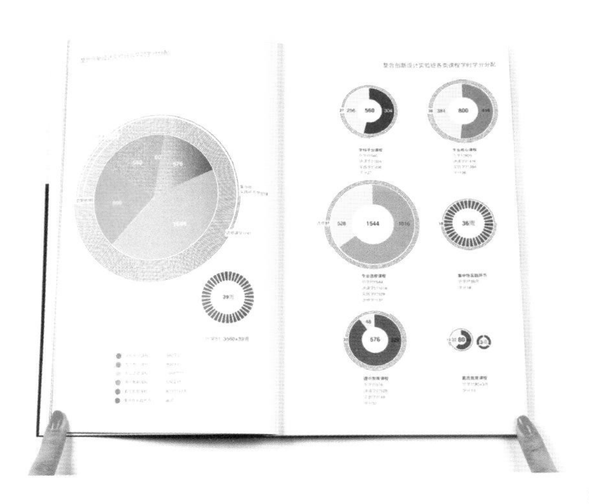

图 2–3–2　《江南大学设计学院本科教学人才培养手册》1
设计者：龙亦柯
指导老师：姜靓、魏杰

图 2-3-3 的整体设计采取从视觉的版式，到信息的合理读取，再到立体的触感呈现等方式，从五感的角度全方位立体地诠释学院的理念与气质。

本书需要批量印刷，在选材上考虑了成本和实现的可能性，封面选择了具有柔软触感的特种纸，内页选择了米黄色、具有一定肌理的特种纸。封面采用两个封面重叠的形式，使整个书籍在最小的成本下得到最丰富的视觉形式。

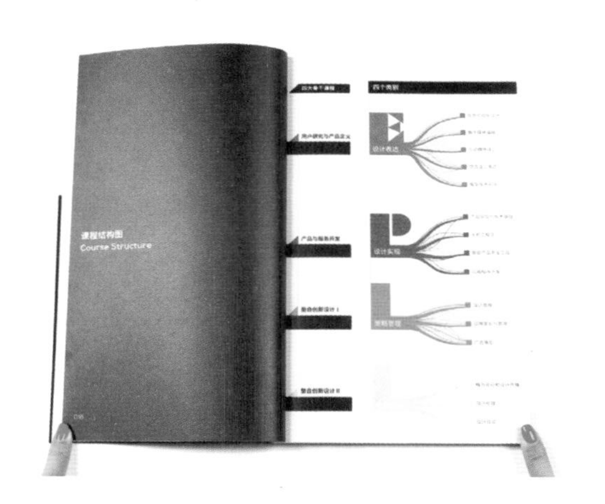

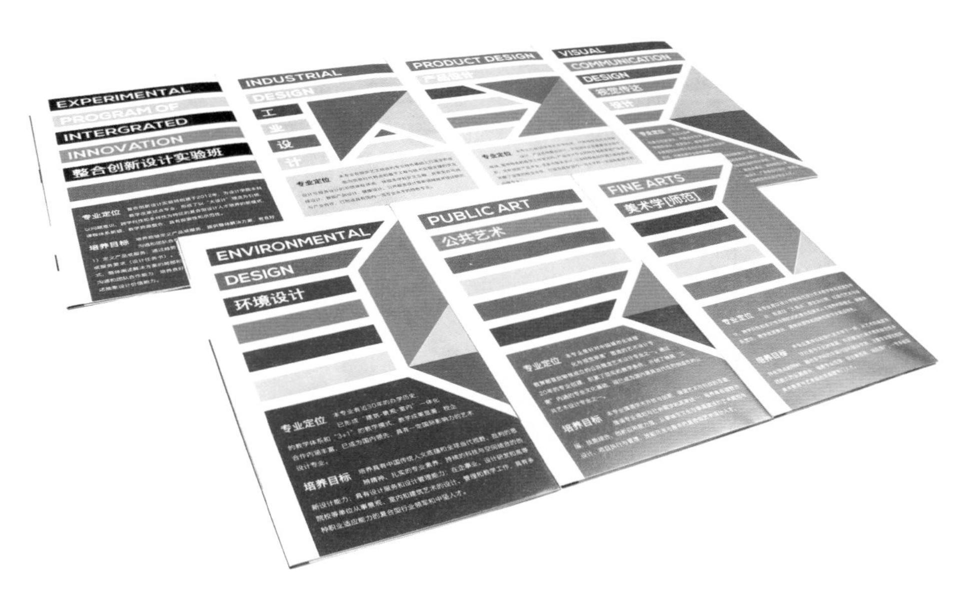

图 2-3-3　《江南大学设计学院本科教学人才培养手册》2
设计者：龙亦柯
指导老师：姜靓、魏洁

图 2-3-4 是一本讲述粤语方言的书籍。设计者查阅了大量的资料，并对其进行了梳理，利用信息设计的方式，将粤语的形成、分布以及相关文化背景用图表的方式呈现。

每个章节都由三张不同大小的纸张组合而成，正文也有很多地方采用不同大小的纸张，为了区分不同的功能。

版面中用红色和蓝色分别代表粤语与普通话，方便读者进行对照阅读。页码也是设计的一个亮点，左页为页码的粤语读法拼音，右页为数字页码。

设计者还设计了简洁的宣传册，将书中几个部分精简后分册而置。

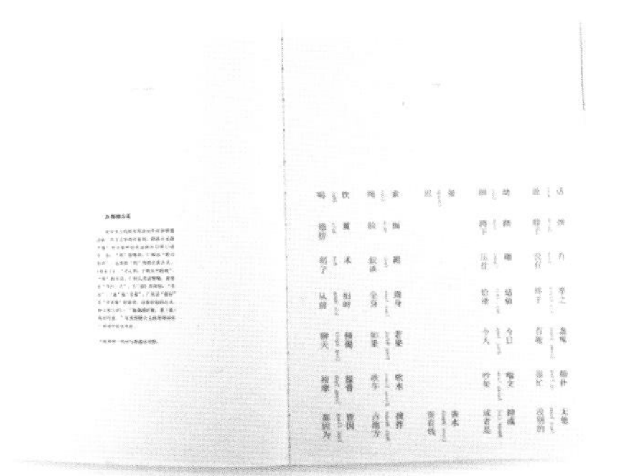

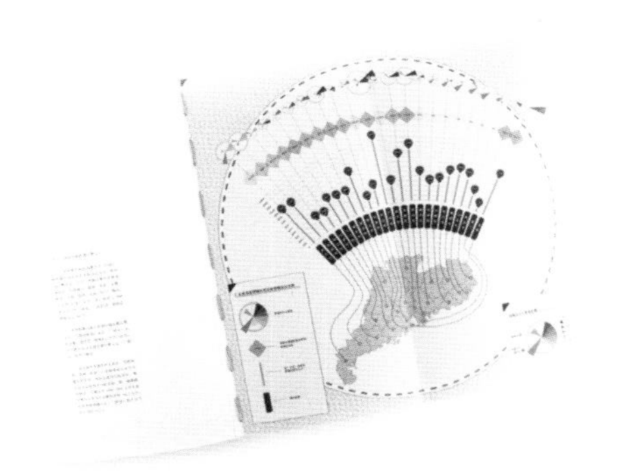

图 2-3-4 《粤识讲》
设计者: 薛楚颖
指导老师: 姜靓

图 2-3-5 是一本实验性图书。小时候我们都会拿着放大镜蹲在地上看蚂蚁，关于蚂蚁的记忆碎片有很多也很有趣，写起来，或许能成一部童年的顽皮史。《蚁吃》这本书以一幅幅图片来刻画和叙述小小蚂蚁丰富而简单的“人生轨迹”，记录它的寻找、奋斗、迷茫、孤单的种种镜头。翻阅完毕，让人感觉不是蚂蚁的吃语，而是人的轻吟与呼喊。

设计者想以一种轻松的方式来呈现本书。所以整本书注重有趣、玩味，模仿自然蚁洞和虫蛀纸张的洞贯穿整书，并与图形文字产生互动，增加书的趣味性。在开本上，为了充分利用纸张，选择了210mm×210mm 的大小。读者在阅读的同时可透过封面的放大镜看图和文字，形成读者与书的互动。为了在阅读时能方便使用这一放大镜，封面采用三折的方式。

全书文字图形化，仿蚂蚁的形态沿洞走过，文字与洞形成互动。为了充分表达文字与图的互动，图片采用手绘的方式，图和洞精心安排，以图形创意创作方式增加趣味和激发读者的想象力。

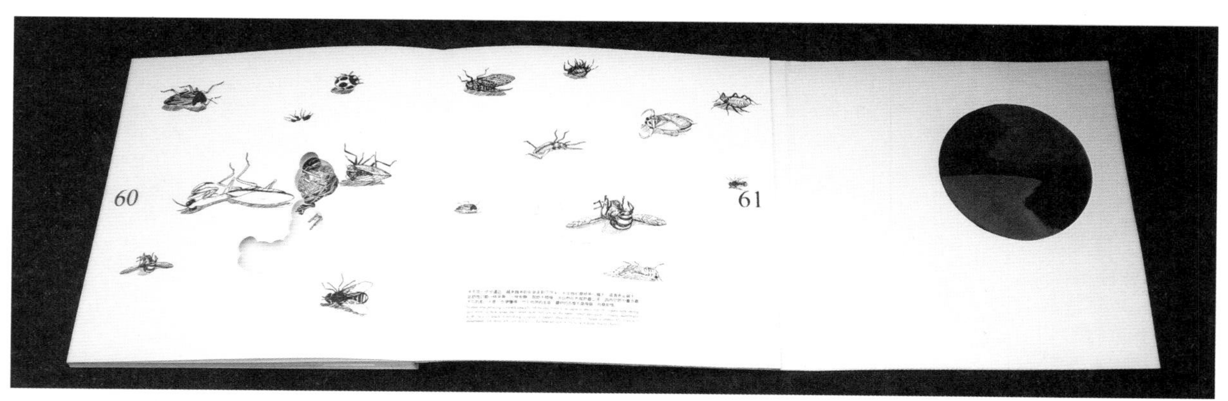

图 2-3-5　《蚁吃》
设计者：贺素芝 / 邓羚
指导老师：陈原川 / 姜靓

图 2–3–6 为《病隙碎笔》，作家史铁生在写这本书稿的时候身体状况很差，三天一透析，于细碎的时光中完成了这本对人生、命运、爱情等问题追问思索的笔记。身体上的脆弱与残疾束缚了他的手脚，但精神、灵魂上的健全活跃于他人，他用文字完成了自己的人生旅途，探索到了另外一片世界。

设计者根据作者的病情（注意力不集中、眩晕、呕吐、呼吸慢而深等）特征，通过文字的跳跃编排形成了整本书六个部分，展示了作者在生病的日子中通过文字化苦为乐的豁达情怀。

本书设计为小开本，便于读者随身携带，并可从任意页面开始阅读。环衬为有空隙的草本植物特种纸张，犹如脆弱又坚韧的人间草木。整本书的设计安静又活跃，增加了读者对内容的理解。

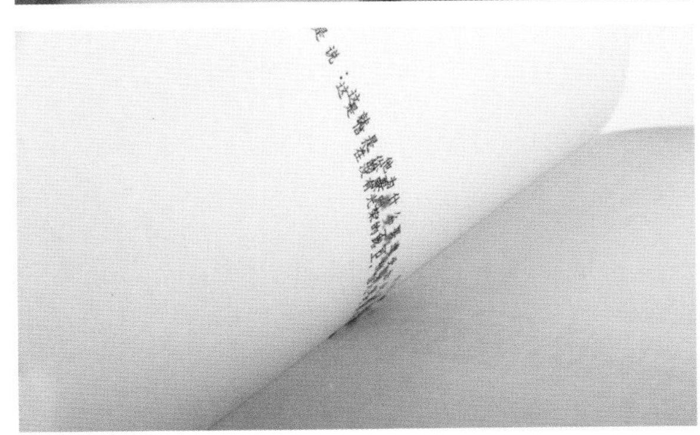

图 2–3–6 《病隙碎笔》
设计者: 曾婷
指导老师: 姜靓

3. 知识要点

版面的范式

1）文字

书籍中的文字，从功能上划分大致分为以下几部分。

①正文、标题、跋、旁注、页码等，这些需要整体系统的对其进行秩序化的设计。

②文字的字体、字号、字距、行距的设计，会给读者带去很多细微的感觉。

③横排、竖排的组合变化，文字组合的疏密节奏的韵律感。

文字不但是阅读的根本，具有功能意义，同时文字本身就是一种艺术风格，无论是汉字还是西文字母，都有风格的体现、情感的传递。

设计师应该把文字作为书籍设计的重要构成元素，形成俊秀、浑厚、奔放、柔和等鲜明的特色与风格。通过不同字体的特色与风格控制读者阅读的舒适度、方向感和紧密度来引导读者阅读。

版面中，汉字从左至右横写或者自上而下竖写，就产生了排列的秩序、行与列的关系。看似简单的汉字组合，其实隐含了明视距离的确定、不可视各自的排列规律。

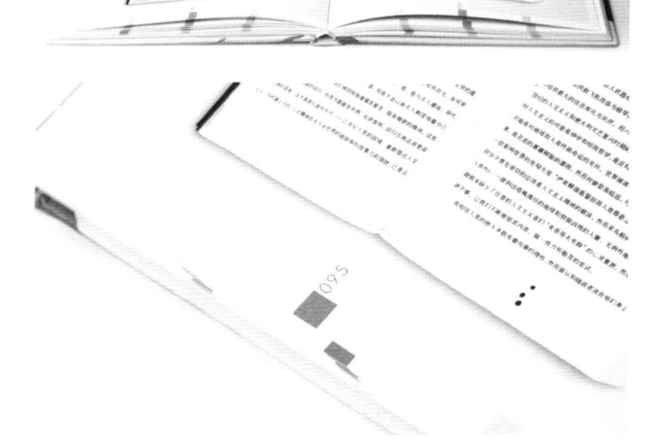

图 2-3-7　《2003—2005 中国最美的书》
设计者: 袁银昌
2006 年“中国最美的书”获奖作品

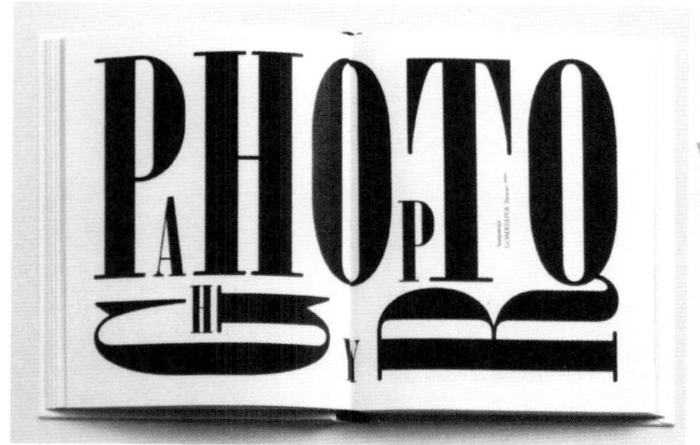

图 2-3-8　《永远的守门员》
专为在波兰 Piekary 画廊举办的摄影展设计的书，个性化的设计与 20 世纪 70 年代的摄影风格相得益彰，书中运用了五种不同材质的纸张

文字的字体、字号、粗细、行距、字距的选择不同，在版式设计中形成的面的明度也有所不同，由此决定版式构成黑白灰的整体布局。文字之间的字形大小变化和字体种类选择，使文字的设计反映出内容的因素，让读者能从中品味出刊物的精神和内涵。标题一般不宜采用过于潦草或过于怪异难认的字体。短小的文字内容不宜采用粗壮、浓黑的字体。简单的直线和弧线组成的字体给人以柔和、平静之感；漂亮优雅的“花体”字体，具有皇家贵族的高贵气质；而圆润、粗壮的字体则显得富有卡通意味。字体在设计师眼里往往是理解与直觉的结合，这种直觉取决于经验的积累。

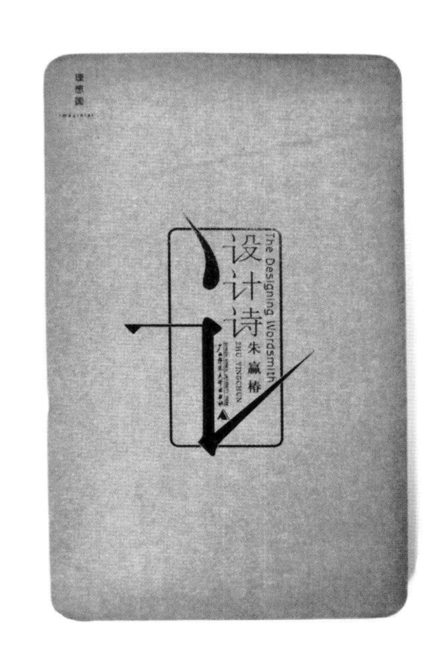

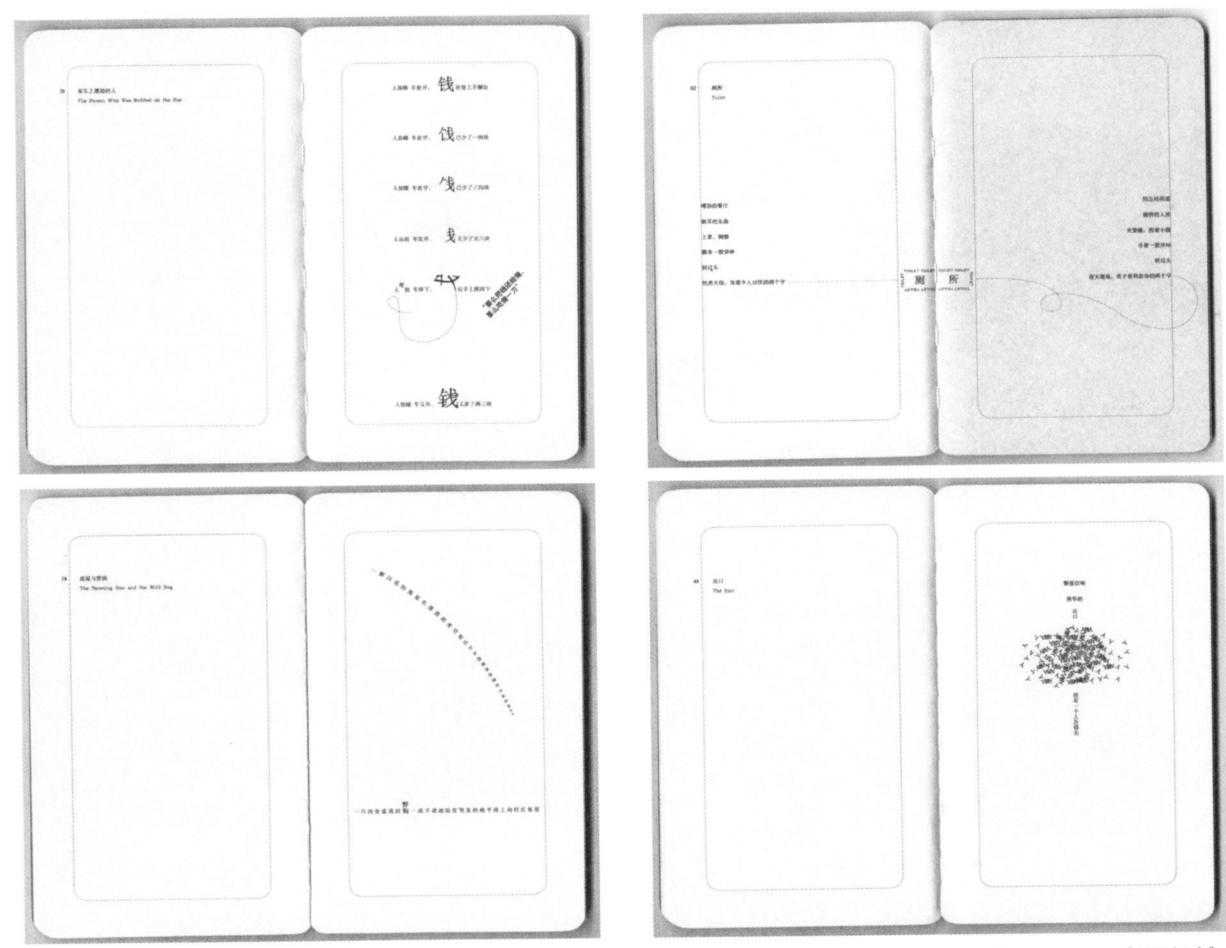

图 2-3-9 《设计诗》

本书为朱赢椿自作诗集。设计师将诗歌用设计的手法制作展现，呈现出画面上的诗意感觉，力图在设计的克制和约束管道中实现创意，用廉价的纸、单纯的字最大限度地展现生活中的会心一笑

2）图像

在书籍中一切可视图像的表达大致为以下三方面。

①插图、图表、照片、装饰图、记号、符号、纹饰、点、线、空白等。

②图像的多样化、个性化以及图像表达的时空化。

③理论、数据等不可视内容的视觉化表达。

“象”，泛指世间万物，而“像”则是以“图”的方式阐释对象。“图像”是指人们经过选择、组织、整合及处理后，以一定的理念或目的，运用特定的技术工具及手段记录的影像。广义上它包括了所有视觉表现形式中的种类，狭义地说是指各种图形和影像的总称。

在书籍中，图像是必不可少的组成部分，它为书籍构建了一个形象的思维模式，有助于读者思考和进一步阅读。图像是辅助传达文字内容的设计要素，它的主要功能是对文字内容进行清晰的视觉说明，同时对书籍的视觉美化和装饰起到了一定的作用，再则是对作品内在含义的解读、发现、认知及再挖掘。如果说文字是抽象的媒介，那图像便是具有可视、可读、可感诸多优越性的媒介，而且具备了准确、清晰、理解快捷、传递简洁等优点，同时可以在理性的气氛下渲染幽默、趣味的色彩，使读者对书籍内容的印象更加深刻。

图 2-3-10　《美丽的京剧》
设计者：吕敬人、吕旻
2007“中国最美的书”获奖作品

图 2–3–11 *surprising the future*

图 2–3–12 《台湾当代·玩古喻今》

3）色彩

色彩，从科学的角度解释是当光线照射到物体后使视觉神经产生的感受。

然而，色彩是被赋予感情的，从某种意义上说，色彩是人性的折射。 人们的切身体验表明，色彩对人们的心理活动有着重要影响，特别是和情绪有非常密切的关系。

在日常生活、文娱活动中，各种色彩影响着人们的心理和情绪。人们的衣、食、住、行也无时无刻不体现着对色彩的应用：夏天穿上湖蓝色衣服会让人觉得清凉；人们把肉类调成酱红色，会更有食欲。

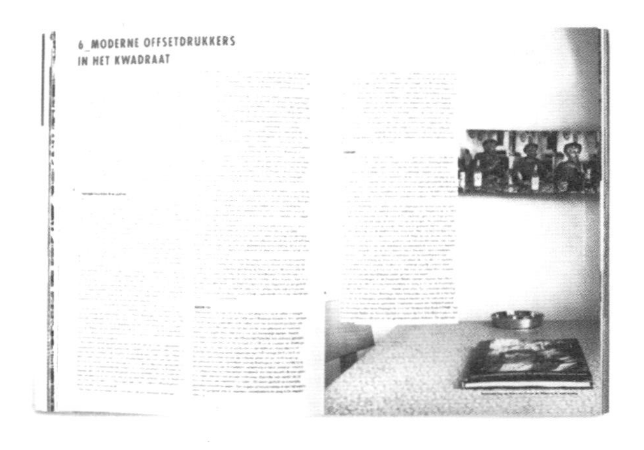

图 2-3-13 *Graphic Happiness*
设计者：Karin Langeveld，Cuby Gerards

心理学家认为，人的第一感觉就是视觉，而对视觉影响最大的则是色彩。人的行为之所以受色彩的影响，是因人的行为很多时候容易受情绪的支配。颜色之所以能影响人的精神状态和心绪，在于颜色源于大自然，蓝色的天空、鲜红的血液、金色的太阳……看到这些与大自然色彩一样的颜色，自然就会联想到与这些自然物相关的感觉体验，这是最原始的影响。这也可能是不同地域、不同国度和民族、不同性格的人对一些颜色具有共同感觉、体验的原因。如红色通常给人带来这些感觉：刺激、热情、积极、奔放和力量，还有庄严、肃穆、喜气和幸福等。而绿色是自然界中草原和森林的颜色，有生命、理想、年轻、安全、新鲜、和平之意，给人以清凉之感。蓝色则让人感到悠远、宁静、空虚等。随着社会的发展，政治、人文、历史的因素使得影响人们对颜色感觉联想的 物质越来越多，人们对于颜色的感觉也越来越复杂。比如，对于红与绿的感觉体验，经历过“文化大革命”与没有此经历的人的感觉是不一样的。又如中国“丧”的概念是白色，而在日本则为黑色。

色彩作为商品最显著的外貌特征，能够首先引起消费者的关注。色彩表达着人们的信念、期望和对未来生活的预测。“色彩就是个性”“色彩就是思想”，同理，色彩有时也可以直接展示出一本书的精神情感的感觉。色彩本无注定的感情内容，但色彩呈现在我们面前，总是能引起生理和心理的活动。如黑、白、黄 等单调、朴素、庄重的色调可以给书籍带来肃穆的感觉。红、橙等热烈的色调可以给人喜庆、活跃的感觉。色彩的象征意义，是人们长期认识、运用色彩的经验积累与习惯形成的。

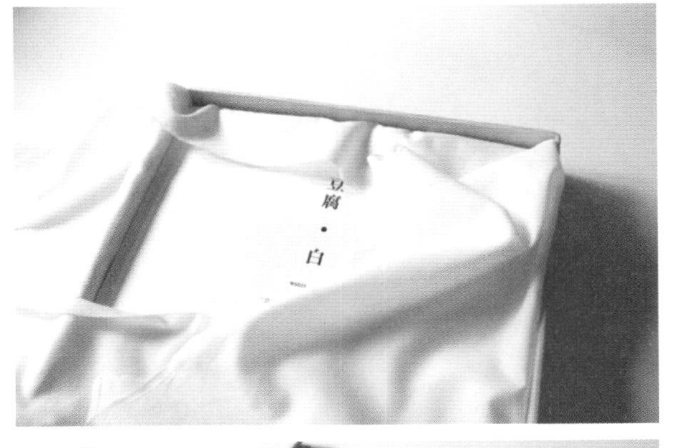

图 2-3-14 《豆腐》
设计者：Cheryl Chong
以豆腐为主题，用白色诠释禅宗“空”与道家“无”的思想，该食谱在外包装、纸张和版式上都贯彻了纯净平和的设计理念

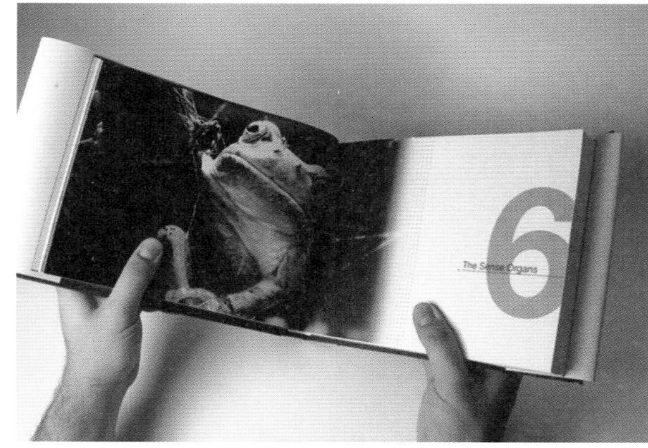

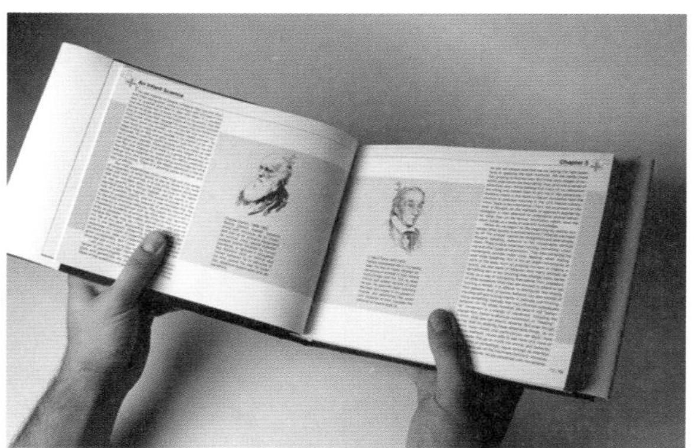

图 2-3-15 *Greg Tariff*

4）版心

在我国，民国以前的图书排版、装订方式与现代有很大不同。古籍里版心也称“叶心”，或简称“心”，指古籍书叶两半叶之间、没有正文的一行。为折装整齐，版心多刻有鱼尾、口线等，为便于检索，也常记有书名、卷数、页码、每卷小题、刻工姓名等文字。因为这一行居于两版的中心，故称版心。在不同的时代，由于图书装订方式不同，版心朝向也有所不同，比如蝴蝶装的版心朝内，包背装的版心则朝外。

民国以后的图书就是我们现代意义上的图书，其版心是指排文字和图表的位置，一般在一个页面的正中心。

版心是图书版面上规则承载图书内容的部分；是版面构成要素之一；是版面内容的主体。

理论类书籍的白边可留大一些，便于读者在空白处书写和批注。科学技术书籍出版量小，读者少，成本高，白边就应留得小一些。袖珍本、字典、资料性得小册子以及廉价书也要尽量利用纸张，白边也应留得小一些，至少应有 10mm 的宽度。精装本和纪念性文集用较宽的白边，这样也能增强书籍的贵重感和气派。从版面的和谐度看，行距宽的即疏排的版心，其白边要相应地宽一些，反之，密排的要窄一些。另外，厚本书籍要注意内白边因弧形造成的减弱作用，要相应地加宽内白边。

除去范式的版心大小以外，现代设计师也很注重对版心的设计，特殊版心的大小设计能够给读者带来不一样的阅读体会。

4. 训练程序

08 图片处理

图像是辅助传达文字内容的设计要素，它的首要任务就是对文字内容做清新的视觉说明，同时起到视觉美化的作用以及对作品内在意义进行读解、挖掘。

图片的好坏直接影响书籍的视觉效果。对于出版物来说，图片质量有着严格的出版规范。通常照片需要实际尺寸 300dpi 的精度，颜色模式为 CMYK，图片格式最好为 Tiff 格式。满足了常规的数据以外，图片还需要精美的艺术风格。前期的拍摄、绘制是不可否认的，但后期的处理也是不可忽略的。通常设计者都会在图片处理软件——Adobe Photoshop 里进行调试，对图片的曝光度、对比度、饱和度、色阶以及色彩曲线等一系列进行调试，使图片达到最完美的呈现状态。

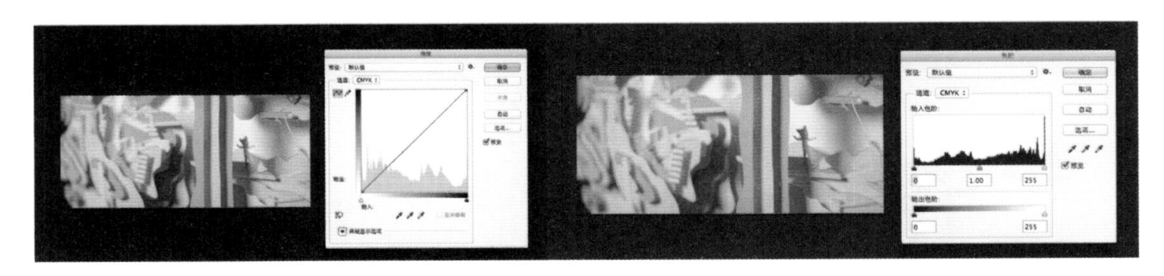

以《突然就走到了西藏》为例。这本书是陈坤动情自述，从出身贫寒的“北漂”青年一夜成名到找回自我，继而重新上路的成长历程。关于亲情与友情、家庭与事业、名利与信仰的心灵全记录。全书图片资料均来自于摄影。

图 2-3-16 《突然就走到了西藏》

09 字体选择

对于书籍的文字，首先需要确定字体的级数，通常会在出版专业软件——Adobe Indesign 里进行字符样式和段落样式的规范设定。决定行文技术时，应该将读者、内容、目的、版式等因素一并列入考量。例如正文，供成年人阅读的小说一般采用介于 8.5pt 到 10pt 直接的字级，因为肉眼最易于捕捉这种大小的字，从而使阅读的过程更加流畅。

书籍版面中的字体类别少，版面会显得稳重；字体类别多，则版面会显得热烈、有趣。科学类、社会学、文学、经典类型的版面设计理应简约合理，尽量减少字体的种数。以时尚为主题的出版物，需要多样化的字体组合，以表达现代人的动律追求。对于版面中各环节的字体选择也是需要注意的。例如正文的字体通常也会选择比较普及的字体，因为正文字数量较大，以免碰到生僻字处理比较复杂。行距、字距以及段落的调整，都需要在段落样式里进行预先的设置。

全书采用几款不同的宋体，简洁但不失精致，旨在体现干净的整体风格，让人在字里行间寻找一种安静的力量。

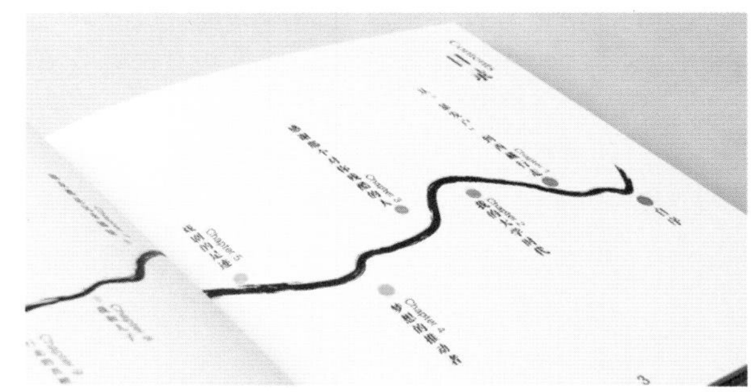

图 2–3–17　《突然就走到了西藏》

10 色彩风格

颜色是直接影响读者情感的要素，每一种颜色都像人类的性格一样，具有不同的情感倾向。

色彩还需要考虑印刷的方式和油墨的特性、纸张的材质。同样的颜色用不同的印刷方式和油墨，或在不同的纸张及材料上都会有所不同。运用好色彩，需要了解色彩的物化呈现效果，否则会出现设计稿与成品之间产生较大差异的现象。

在设置书籍设计文件的时候，可以根据前期的草图方案调试和设置书籍的专色，并以 CMYK 的印刷格式设置为准。

白色的封面、白色的内页、黑白的图片，仅有页码是红色的。宁静的白色彰显了作者想要诉说的情感。

图 2–3–18　《突然就走到了西藏》

11 版心大小

在 Indesign 初建文档的时候，需要设置一系列书籍的版面规范数据，即页数、版心的大小、分栏的数量、栏间距以及出血等。通常从功能角度来说，版心的设置会略微偏书口一些，因为靠近装订的地方会影响阅读的效果。同时根据书籍的分类属性，决定版心的大小。比如需要给读者预留笔记，版心可以设置得偏小，多留一些空间以便书写。另外，版心也是有情绪的，设计者可以利用版心的变化诠释一些情感的因素。例如无边距的满版版心会给人一种拥挤、丰富的感觉；五分之一版面的版心会给人一种空旷、宁静的感觉；设计有变化的版心，让读者在阅读的过程中逐渐感受到一种变化的存在。

变化的版心是整个设计的独特之处，从第一页的寥寥几个字到几行字到最后的满版文字，设计者在用这样的方式告诉读者，行走的力量是越来越强的。

图 2-3-19 《突然就走到了西藏》

12 页眉页脚

在设置版心的时候就会同时考虑页眉页脚的位置。通常页眉页脚的内容是页码、书籍的名称或者章节片的名称。它们的位置决定了书籍的整体版式效果。页码的位置以及大小字号、字体、颜色都会影响阅读的便捷。这一部分虽然看似很简单，却也能被设计师充分利用，为整本书增添新奇的效果。

页码用了渐变的方式，颜色从深变浅，与版面的由疏到繁的形式相呼应。

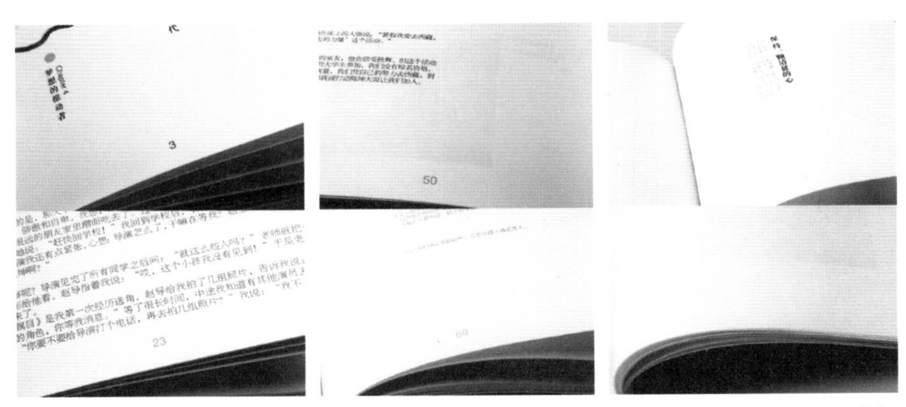

图 2-3-20 《突然就走到了西藏》
设计者：张迈予
指导老师：姜靓

13 章节篇

章节篇是整本书文字的逻辑分类，也是读者阅读书籍时的呼吸之地。章节篇可以单独设计版式、字体、颜色等，甚至还可以选择独特的材料、不一样的装订方式。

14 其他部分

封面、环衬、扉页、目录等都需要根据整体风格进行系列设计，单独割舍任何一部分设计制作都是不可取的。

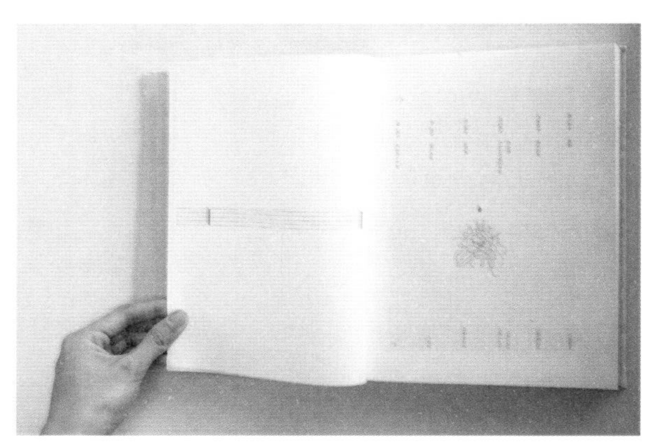

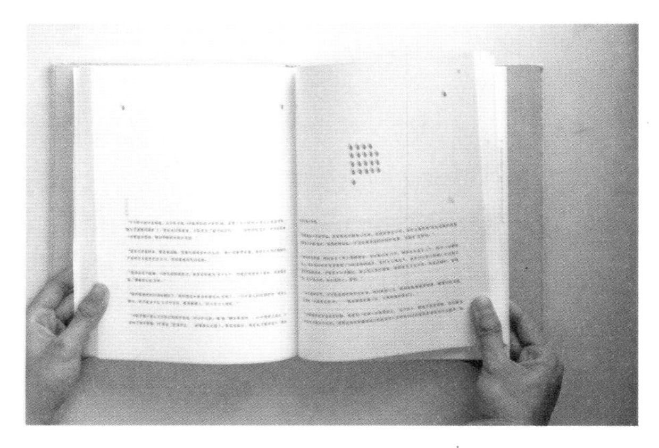

图 2-3-21　《存在与不存在》
指导老师：陈原川
干净的版面营造出纯粹的气氛，全书利用了汉字的特性，横排与竖排的结合恰到好处，虽然每个图形都很简单，却给整本书的版面增色不少

第四节 触碰阅读——书籍的材质工艺设计

1. 课程要求

材料的硬挺、柔软、粗糙、细腻等一系列感觉，都能唤起读者对书籍的全新认识，使得书籍内容更准确、更完善地被诠释。我们需要打破常规的印刷工艺以及普通材料的局限，在这基础之上，结合书籍的内容与情感的诠释方向，更好地运用现代工艺和新兴材料，把设计的语言表达得更加丰富，把设计的目的诠释地更加形象、更加到位。设计师为了充分表达向读者传达的信息，还可以讲一些有趣的故事。设计作品的实物特征或者说触觉特性是书籍设计师讲故事时的极好媒介。

作业要求：从书籍的印刷工艺、纸质及其他材质的形式几个方面入手，对书籍的视觉以及触觉进行研究。打破传统书籍的固有形式观念，结合书籍的内容以传递情感，赋予书籍特殊的感觉，为书籍进行立体的设计。

建议课时：16 课时

作业呈交方式：设计实物及照片，效果图电子文档。

电子文档要求：210mm×285mm；精度：300dpi；格式：TIFF

作业提示：

（1）以印刷工艺、纸质材料以及其他特殊材质为书籍的切入点，表达对书籍内容的固态诠释。

（2）充分考虑书籍的触感特性。

（3）设计语言的选择要结合书籍的内容以及情感特质。

（4）对设计构思进行简短的文字说明。

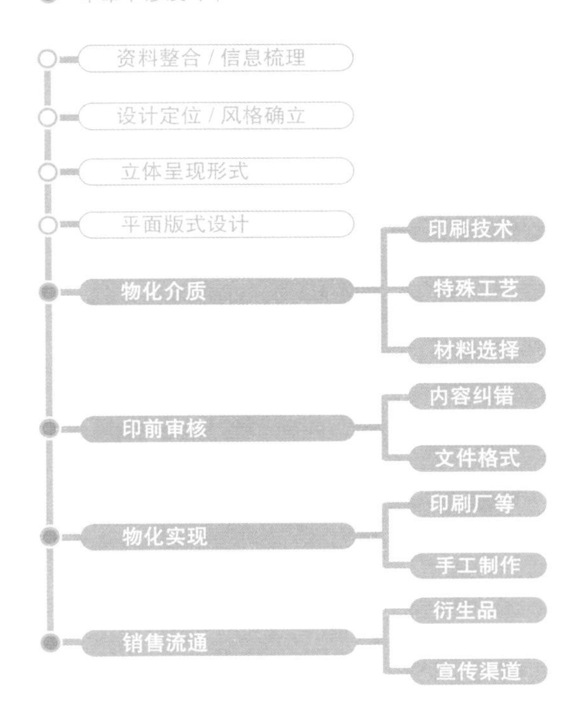

2. 案例分析

例如图 2–4–1，此书分为四个部分，分别是服饰、饮食、起居和鉴赏。作者孟晖对古代的名物、生活细节怀着深深温情，以清丽的文笔、幽微的心思，挖掘意趣、渲染喜悦、旁征博引，以小见大。书中另附有大量精美的彩图，使之更臻完美。细细读过后，发现这本书描写的可以算是“古代奢侈品”。如用金线编制而成的华服，或是精美但稀少的玻璃珠帘，大部分都是皇家或贵族的用品，十分讲究品位，艳而不俗。古人的创新能力在此得到了发挥，精湛的技艺十分难得的。

书中多次提到佛教思想以及佛学经典，于是这本书采用了经折装的方式。封面采用纺织品材质，质感柔软亲近。书的内页选用了特种纸张，由于经折装需要粘接，故采用特殊的金箔材质，呼应内容的同时起到衔接功能。

为了体现书中的那些浪漫的元素，设计师做了大胆的尝试，将吸铁石融入湘妃竹，再用湘妃竹作为握书的手柄，这样在看书时，两根竹子便能吸在一起，观者只需翻动页面即可。

书中的图片非常多，但篇幅有限，考虑到读者在阅读此书时，常要一边看书一边上网搜索图片资料。为了方便读者更好地了解书中的事物，便将每张图片对应的详细介绍设计进二维码，读者只需用手机扫描，便可边看书边了解插图信息，既保留了书的简洁，也更好地利用了高科技手段为设计服务。

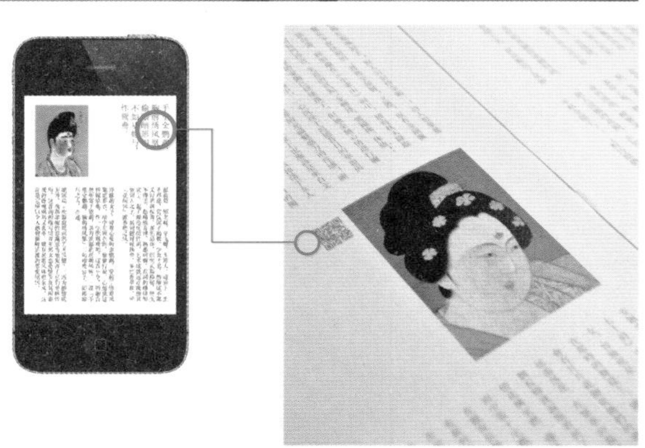

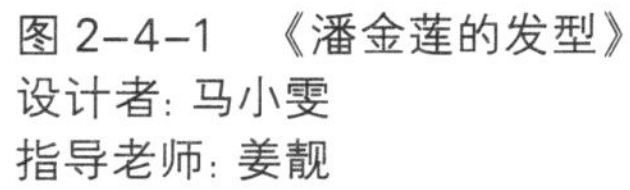

图 2–4–1 《潘金莲的发型》
设计者：马小雯
指导老师：姜靓

图 2-4-2　这本书为非纸质书籍，全书采用的透明 PVC 材质。几页叠在一起才能看清诗的内容，反反复复，周而复始，旨在传达顾城那朦胧不可捉摸的诗意。

图 2-4-3　这是一本名为《川》的摄影集，此摄影师的作品简单却生活意象化，整体设计用一个相框容纳作品，相框如同容器，把作品的气息都封存在里面。全书采用经折装的方式，当作品从相框里拿出来时感觉就像有“水”慢慢涌出，但它是联通的，像桥一样可以通向另一方。另一方面，作品内容也是从浅到

图 2-4-2　《顾城诗集》
设计者：钟云羽
指导老师：姜靓

图 2-4-3　《川》
设计者：徐谢莉
指导老师：姜靓

深再到浅的节奏，是桥的另一个概念化表现。

图 2–4–4 "洞"是贯穿这本书的主要元素。整本书均被模切出一个圆形洞孔的形态。全书的内容都围绕这个洞进行排版。

全书以独特的视角，精选出中国最具魅力并能展现人类非凡创造力的中国奇洞，包括自然风光、地域和人文。它通过简易的信息可视化图表来整合时间、湿度、长度和面积以及通过东西南北四个方向和颜色的划分来规划洞窟的方位导向和特色说明。

全书选用不同触感的特种纸来表现每一个洞窟，能使读者对洞窟的视觉和触觉产生直观的了解。

总之，本书以简洁易懂的文字内容和生动有趣的镂空版式来介绍富有科普性和整合性的知识点。

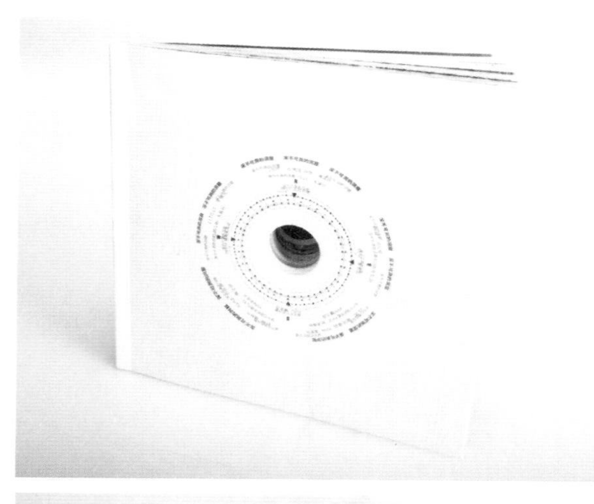

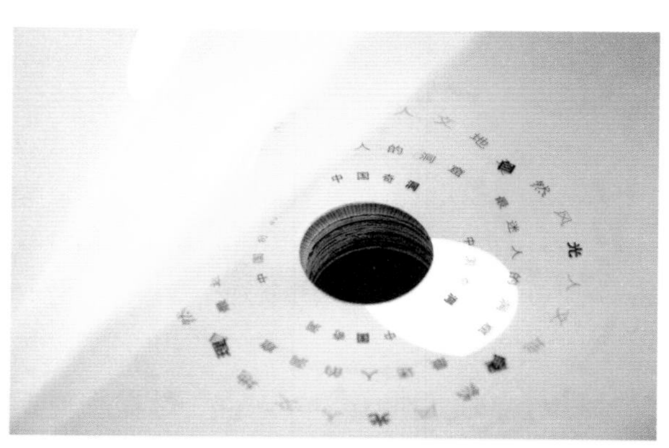

图 2–4–4 《深不可测的洞窟》
设计者：陈倩
指导老师：姜靓

3. 知识要点

材料工艺的触感

吕敬人教授在接受日本设计师杉浦康平的访谈时曾说："古人是动感地创作书籍。书籍的装帧、材料、文字编排等，随着时代而不断的变化，不会停留于一处。老子有言'反者道之动'。静是相对的，动是永远无止境的，任何事情都在动中产生变化、前进。"因此，承印书籍的材料也不仅仅限于纸材上。

现代书籍设计的一个显著特点就是特殊材质的运用，这些特殊材质用于书籍设计已不再局限于纸材、木材，而是增加了人为加工的材质，如金属、塑料、织物、皮革甚至是高分子材料、复合材料等。人们翻阅书籍时，已不仅仅停留在它的色彩是否绚丽、图片是否漂亮，还很看重这些特殊的人工材料的肌理效果所带来的特殊审美感受。各种材料的质感、色泽、肌理能表现不同的个性与特点。配合书籍本身所需的功能加上设计师巧妙地利用这些材料的特殊性，使得书籍更具有艺术性与趣味性。

书籍设计艺术随着当今信息与科技的高速发展，呈现出空前的繁荣。新兴的高技术材料、复合材料的层出不穷，材料加工工艺的不断更新，为书籍设计创造了更开阔的空间，注入了无限活力。回顾书籍设计艺术的发展史，不难发现，每次书籍设计的更新和发展都伴随着工艺、材料的变革 。这就要求书籍设计从业者必须了解掌握尽可能多的不同属性材料的个性，为自己的设计所用，创造出更好的书籍设计作品。

从书籍漫长的历史发展中可以窥见，材料与工艺的进步作为人类智慧的见证，推动着人类书籍的一次次地蜕化，日趋完美。在新的时代中，材料与工艺的突破势必也带来书籍的另一次大发展，这种发展不仅是物质性的，技术性的，也将必然对书籍的美学产生重要的影响和推动作用。这一切正如设计评论家艾莉斯・特姆罗所说的那样"或许只有这样，当得到高贵而充满想象力的设计时，会将一本书从实用性的工具上升为一件珍贵而不朽之物。"事实

图 2-4-5　《哪里有烟，哪里就有火》

这本书介绍了老卡瓦列罗卷烟厂的历史变革。该厂以前生产卷烟，现已改造成了创意工作区，建筑家、摄影师、工业设计师、平面设计师和网站设计师在这里进行各种各样创造性的工作

封底和封面上的文字采用了丝网印刷技术，并采用了火柴盒结构，因此你可以用这本书引燃火柴。同时使用了不同的纸张来代表建筑中的不同材料

图 2-4-6 《孟买》
采用了数字印刷、黄麻纤维六色锁线等技术

印度是纺织品之国，能够在不同的织物上组合鲜艳的色彩和缜密的图案。《孟买》这本书也体现了这个特点，该书介绍了孟买的纺织艺术品，这些艺术品都是用手工订制在黄麻纤维上的，它们反映了印度大城市的发展历程

但城市化不仅仅是丰富的色彩和飞速的发展，生活在孟买的人也会看到它不好的一面，各种各样的问题以及希望的破灭。这些艺术品不能全面反映这些缺陷，但是还是有所体现。每一个刺绣的反面都是一位德国记者对它的理解。这样一来，艺术品的缺陷也变成孟买的缺陷了

上，对于材料与工艺的价值探讨，远远不局限在书籍设计这样一个狭窄的范围内，整个人类正是通过材料与工艺不断改造着客观世界，使其无限接近我们的理想和信念。站在这样一个新旧媒体交替的时代，坐拥当代如此丰饶的物质基础， 设计师没有理由不深入挖掘材料和工艺潜在的设计价值，使其更适应当代的视觉习惯和阅读体验，并通过材料与工艺展现出这个时代的设计所应有的多元价值。

图 2-4-8　该书是为在新加坡 Useless 画廊举办的 Browsing Copy 展览定制的。设计师利用材质制造了一定的神秘效果

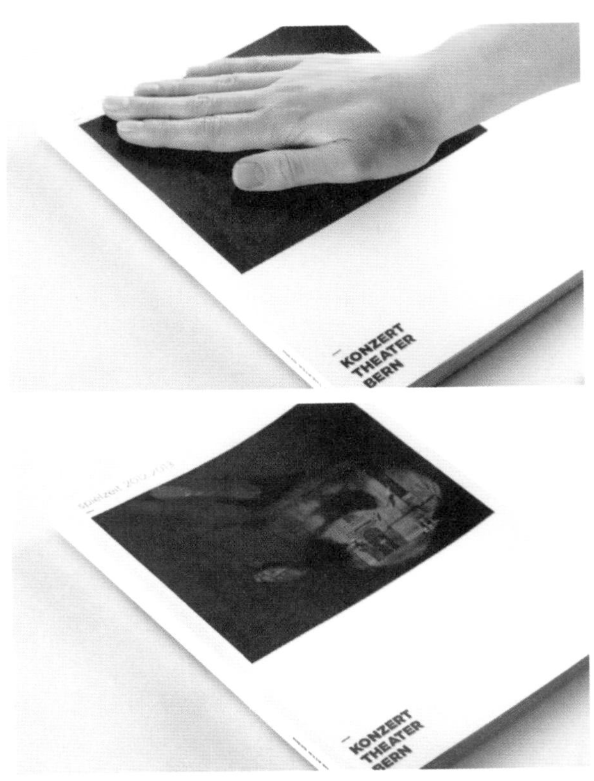

图 2-4-7　*Konzert Theater Bern*
设计师利用了感温油墨，使原本设计简洁的封面暗藏了玄机，增加了一丝趣味性

图 2-4-9　*Ashley Bickerton*
独特的木质书函，带有镂空雕刻，显露出书的精彩

例如图 2-4-10 这本书，在设计师的手中变成了一本奇异的书。设计对象是主要经营太阳能的澳大利亚 Solar 公司，设计者在策划其年报的时候希望通过一种特殊的方式展现公司的业务内容。所以设计者用了感光油墨，读者在室内打开年报是一本全白的书，没有一个文字，没有一张图片。但是当读者走出室外，在太阳的作用下，年报的内容慢慢显露在了读者面前，让人感受到了太阳的能量，这也正是太阳能的核心含义。这种全新的互动模式给书籍设定了更深层次的含义，也更有效地展示出所服务公司的业务及形象。

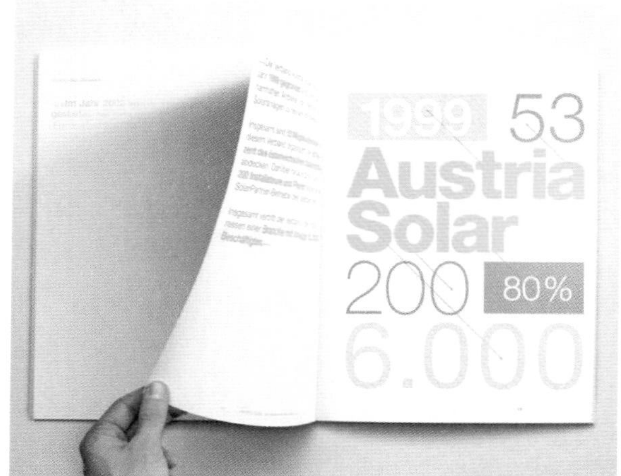

图 2-4-10 《Solar 公司年报》

4. 训练程序

15 印刷技术

现代纸质书籍通常都会选择平版印刷，主要流程为：制版—上机—进纸—润版—上墨—印制—印张干燥。由于工艺、经济成本的限制，学生的作品均为单品，学生大多会选择在打印店或者手工丝网印刷制作书籍设计作品。但是对于掌握书籍设计的知识来说，这一部分的知识也需要了解。

以《清欢》为例。这本书是林清玄的散文集。他的散文清幽而大气，在宁静中散发着激越，在冷峻中保持着温煦，在流动中体现着专注。这本书传达出作者的云淡风轻的声音，久久地在读者心灵的上空回绕。这本书是全手工制作的，内文选用了环保纸张和数码打印的方式。

图 2-4-11 《清欢》

16 特殊工艺

现代科学技术的发展，带来了更多先进工艺，在油墨上已经不再局限于普通的油墨了，例如荧光色的油墨，色彩更加绚丽。感温油墨在不同温度下的颜色不同，利用这一点可以设计很多互动的环节。感光油墨让隐形墨水不再是特工的专利。

印刷工艺也有丰富的形式，例如拱凸和模印技术，可以在特种纸张上出现凸起或凹陷的文字或者纹样，使得视觉效果更加丰富，也增添了触感。烫金也是常用的特殊工艺，烫金的颜色分类很多，例如金、银、白金、青铜、黄铜、红铜等。

竹子材质作为封面，不可能选用普通的印刷方式，故采用了激光雕刻技术。对文字没有上色，追求纯粹的感觉。

图 2-4-12 《清欢》

17 材料选择

器物之美在某种程度上取决于材料之美，书籍材料的质感可引起读者视觉和触觉的双重感受，是平滑的、粗糙的，还是柔软的、坚硬的，都通过材料的质感深深的留在了读者的心里。例如金属，虽然触感冰冷，却能给人带去现代工业的科技感。木材，有很强的亲和力，可以雕刻塑性，不同的木材还有不同的颜色、文理、质量。塑料，成本低廉可塑性强。纺织品，有纸张的特性，可丝网印刷，同时有纸张没有的牢度和触感。无论选择何种材质，都需要对其有全面的了解，询问专业的技术人员，掌握材料的特性，才能使特殊的设计效果在后期得以最优化的实现。

这本书的封面和封底采用竹子，竹子是一种环保的材质，但设计师选择它的主要原因是，竹子象征中国传统文人喜爱的高尚气节，同时将封面和封底做成传统臂搁的形态，使得整本书更富有文气。

图 2-4-13 《清欢》

18 内容纠错

全书设计完毕后，需要耐心地做复查工作。首先需要注意到文件的格式、电脑的兼容性等问题。还需要对文字、图片做细致的检查工作。特别要认真进行错别字的检查、格式的复查等。

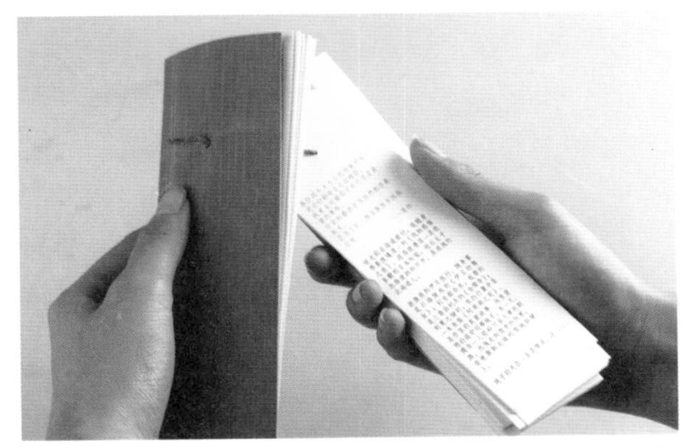

图 2-4-14 《清欢》
设计者：龙楚静
指导老师：姜靓

19 文件格式

要重视文件格式。对于使用 Indesign 软件制作的书籍设计文件，最终用于印刷的格式通常为两种，一种为 PDF 格式，在存储时要制作出血、裁切、色彩等标记。文字需要创建轮廓化，否则不同的电脑会有字体不识别的可能。另外一种为 Indesign 打包文件，打包后的文件包里除了制作的 Indesign 文件以外，还有所有图片的源文件以及字体的文件。

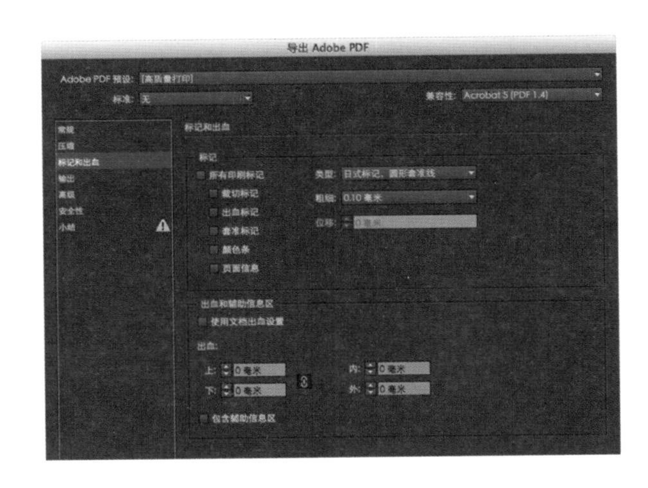

20 印刷厂等

在印刷制作前，最好与印刷厂相关的人员进行沟通，其中涉及很多技术问题，例如软件的兼容、印刷的技术、材料的采购、材料的工艺问题等，都要认真沟通，确认无误。

21 手工制作

大部分手工制作的书籍，主要涉及纸张材料的购买、打印、装订制作等问题。需要事先沟通专业人员，以免出现问题。

22 衍生品

很多书籍的整体设计不仅仅是书籍本身的设计，还会有一系列衍生品的设计，这主要在宣传领域。

23 宣传渠道

现在宣传领域除了线下的宣传以外，线上也有很多宣传途径，例如相关网站、电商、微信微博等。衍生品的设计现在也越来越重要。

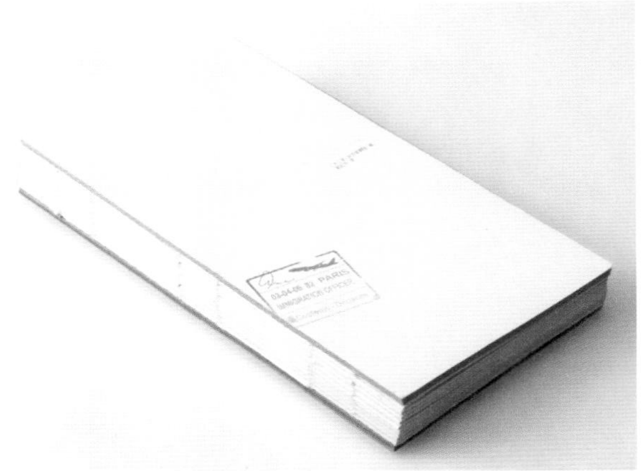

图 2-4-15 《小王子》
设计者: 杨霄
指导老师: 姜靓

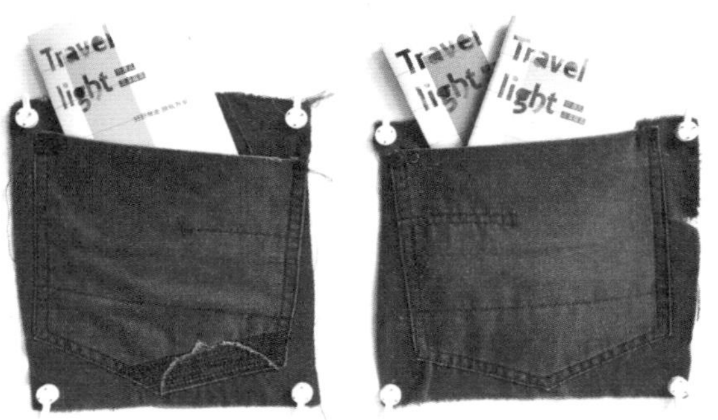

图 2-4-16 *Travel Light*
设计者: 于洁
指导老师: 魏洁 崔华春 姜靓

穷游指南是为青年旅店前台设置的手拎书，可在青旅前台取阅，手拎处的设计亦方便将其拎回房间或交流区继续阅读

设计者还为穷游者设计了方便的口袋书，口袋书主要以地图和一些相关旅游信息为主，穷游者在旅游时需要不断翻阅此书，故选用了布类材质，避免了纸质材质多次翻阅的易破损缺陷

第三章　书籍设计的赏析

第一节 传统纸质之美的书籍设计

在书籍出现至今的上千年历史里，纸是不可替代的主要材料。然而，1894 年，法国文学理论家奥克塔夫·乌赞（Octave Uzanne）在《斯克里布纳杂志》发表了一篇题为“书籍的终结”的文章时谈及：“阅读，至少是我们今天这种阅读，很快就会带来巨大的疲倦；因为它不但要求大脑保持持续的关注，消耗脑内大量的磷酸盐，还迫使我们的身体进入各种疲乏的状态。”乌赞宣称，印刷术和它老套的产物根本不是现代科技的对手。乌赞甚至预言了有声书、iPod 甚至智能手机的到来。但是，论及印刷的衰亡，他却错了。

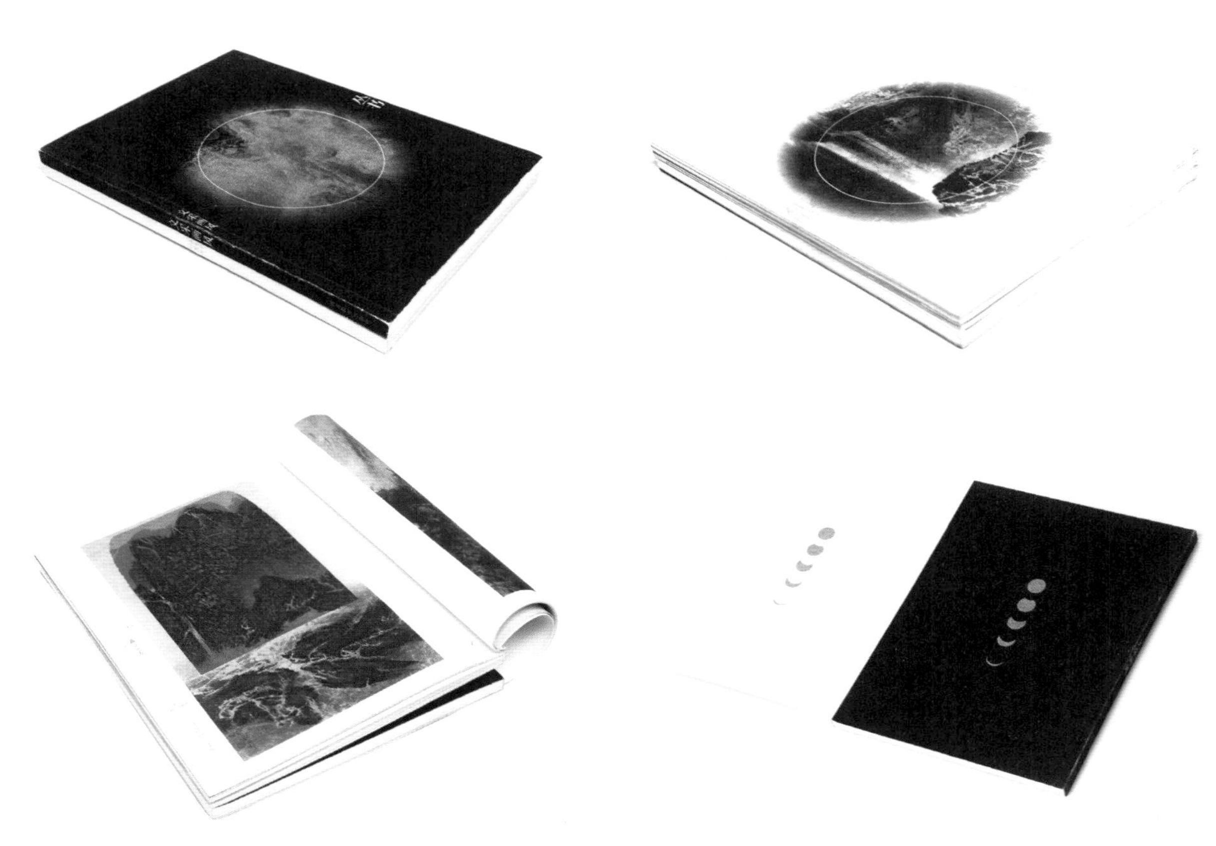

图 3-1-1 《对影丛书——文采画风》
设计者：吕敬人
2004 年“中国最美的书”获奖作品
看似黑白两册，实为一本书，正反阅读，有对话的感觉

书籍、杂志和报纸一直在被人出版和阅读，数量有增无减。电子书的销量在 2007 年亚马逊推出阅读器的时候曾经一飞冲天，但在一段时间后里又重回大地——根据出版商的报告，2013 年第一季度电子书销量仅仅增加了 5%，而传统的平装精装本书籍销量则出乎意料地坚挺。纸书在美国依然占据全部书籍销量的四分之三，如果算上蓬勃发展的旧书业，总量可能还会更高。一项新的调查显示，就连最狂热的电子书爱好者也持续购入大量纸书。

随着电子行业的蓬勃发展，电子书籍替代纸质书籍这一预言没有实现，反而刺激了纸质书籍的发展。人们更加关注到了纸质书籍的存在意义，读者的阅读感受被设计师们推到了另一个高峰，书籍设计也攀登上了一个全新的起点。

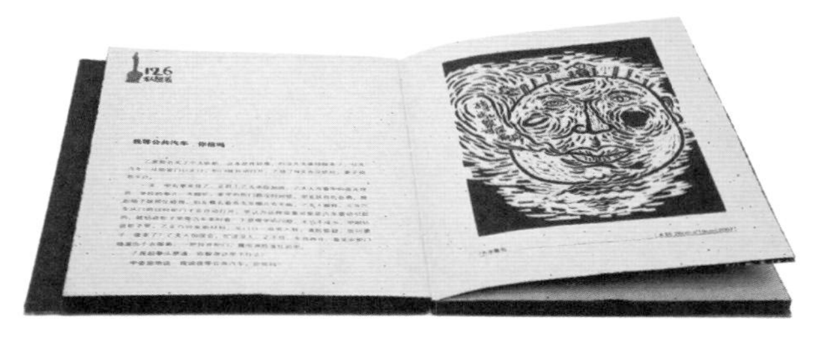

图 3–1–2 《私想着》
设计者：朱赢椿
2008 年“中国最美的书”获奖作品

1. 特种纸质材料的书籍设计

阅读是一项身体活动，我们获取信息的方式和我们体验世界的方式一样——不但用视觉，也用触觉。材质是材料的质地，不同的纸张材质具有不同的审美特征和情感特征，它与电子书相比缺乏感官体验和艺术美感，因此正确选择和合理利用材质特性，从某种程度上来说，是书籍设计艺术魅力形成的重要环节。当今时代 纸张仍然是文字最主要的载体，具有其他材质不可代替的视觉质感和触觉质感。

通常用于印刷的纸有凸版纸、新闻纸、胶版纸等，也有质地各异的特种纸，不同的纸具有不同的重量、透光性、吸墨性等，所呈现效果也是各异的。

《乃正书 昌耀诗》(图 3–1–3) 是作为诗人和书家的两位挚友联手合成的双璧，收录了王昌耀的散文诗《高车》《峨日朵雪峰之侧》《莽原》《河西走廊古意》《雪乡》等近百首。为了体现书稿的感觉，纸张采用富有肌理的特种纸，加强了手写纸的感觉。全书的切口采用毛边的效果，同时着以黑色，与文中的白色形成强烈对比，使毛边的质感得到强化。

图 3–1–3 《乃正书 昌耀诗》
设计者: 宋协伟、何君
2004 年 “中国最美的书” 获奖作品

The Roadside Concept（图 3-1-4）是一本 3D 立体书，可以说是现代纸质书籍发展的另一个特殊的形式。设计者用立体的呈现方式，形象地呈现出路边的一幅幅场景，比平面效果图更加准确地传递书籍的内容，也增加了许多生动有趣的互动环节。

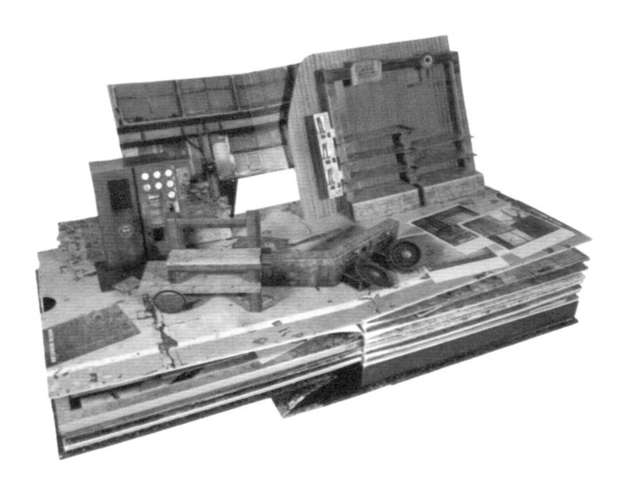

图 3-1-4　*The Roadside Concept*

图 3–1–5　《土地》
设计者：王序
2004 年“中国最美的书”获奖作品

图 3–1–6　*Mail Me*
设计者：Fabrica

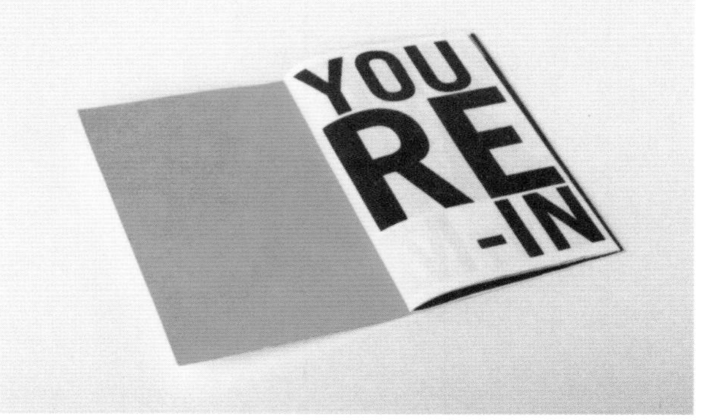

图 3–1–7　《我是你》
设计师：艾伦·潼洲·赵
这本书讲述自身的属性、设计理念、结构和意义为主题，可以从两个方向进行阅读，并设有两个开篇，强调阅读的瞬间，独立与共享之间的融合贯穿在整本书之中，带给读者独特的视觉体验。阅读时两种身份（该书与读者或是作者与读者）之间进行完美的互动

图 3-1-8 《梅兰芳（藏）戏曲史料图画集》（上下）
设计者：张志伟
2003 年“中国最美的书”获奖作品

图 3-1-9 《捍卫人权 50 年》
设计者: Gary Tong

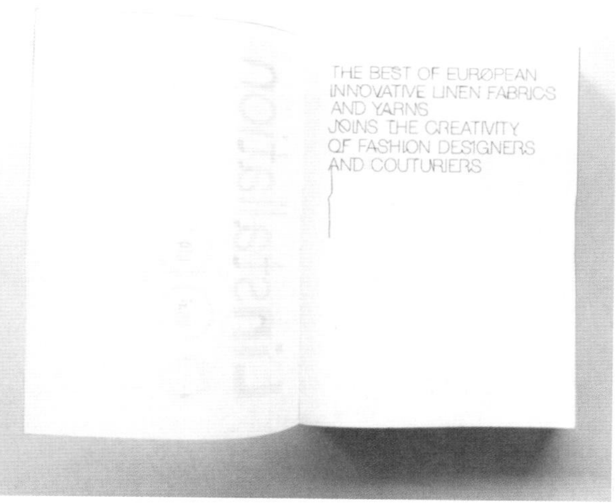

图 3-1-10 *Linstallation*
设计: Pam&jenny 设计工作室
本书是为在巴黎 Palais Royal 饭店召开的集书、图形标识、插图和排版于一体的博览会设计的。这个展览是欧洲亚麻和大麻联合会举办的，该联合会召集 20 位时尚设计师在亚麻上设计出各种各样、风格独特的作品。设计者用刺绣风格的字体，使得设计更贴切

2. 特殊印刷工艺的纸质书籍设计

由于现代工艺的发展，设计师已经不再局限于普通的印刷技术，他们开始在其他领域寻找特殊效果的纸张以及印刷技术。例如包装用的瓦楞纸、粗糙的质地、厚实的手感以及特殊的肌理，能够呈现出书籍的特殊情感。又例如美国研制的太阳能保温纸，能够将太阳能转化为热能，就像太阳能集热器一样，结合感温油墨，设计师可以设计出具有颜色变化的书籍。

例如图 3–1–11 这本书，采用了模切的印刷工艺，制作出纸质的旋转盘，不但具有多层的丰富装饰作用，同时还增加了互动的环节，使得原本简单的书籍多了一丝乐趣。

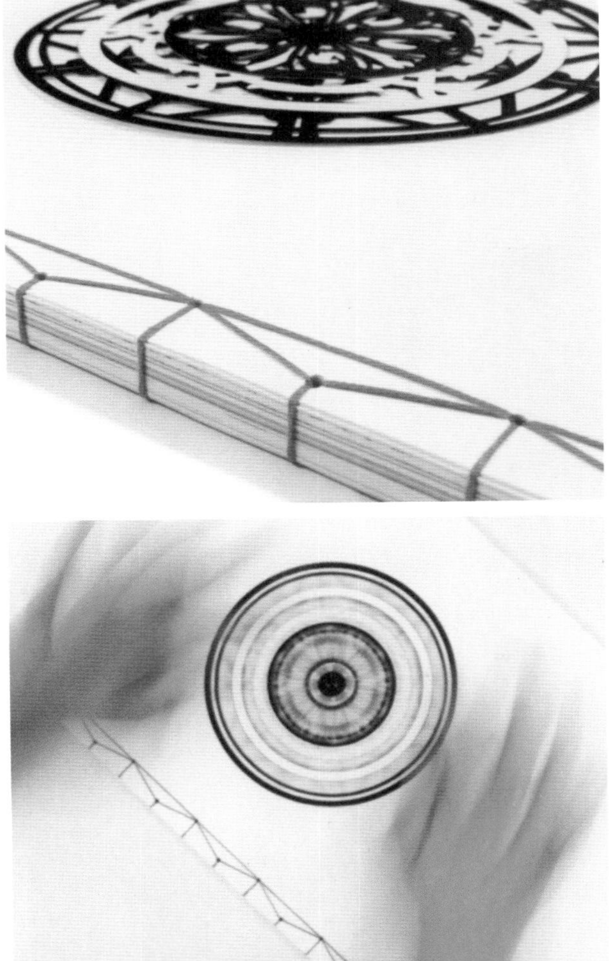

图 3–1–11 *The Subjectivity of Coincidences*
设计者：Johanna Fuchs

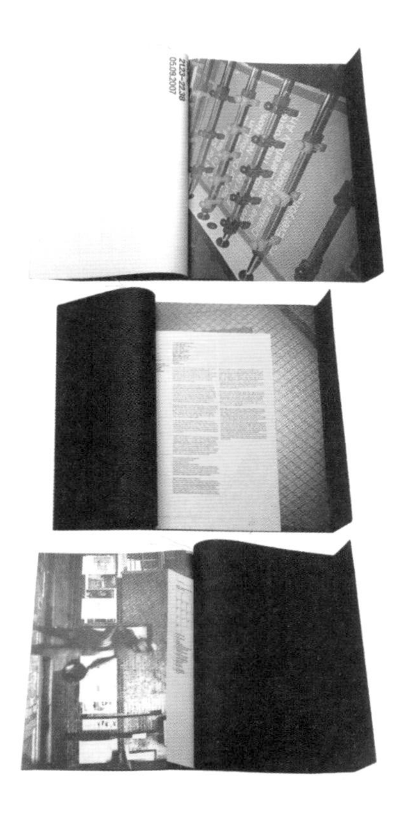

图 3-1-12 *Not For Commercial Use-Catalogue*

图 3-1-13 *HKAD Blobal Design Awards* 2011
设计者: Kim hung, Choi

图 3-1-14 *The Hen House*
大面积留白的版面，黑白的摄影图片，章节篇满版的烫金烫银，使得整本书看上去安静中彰显着时尚

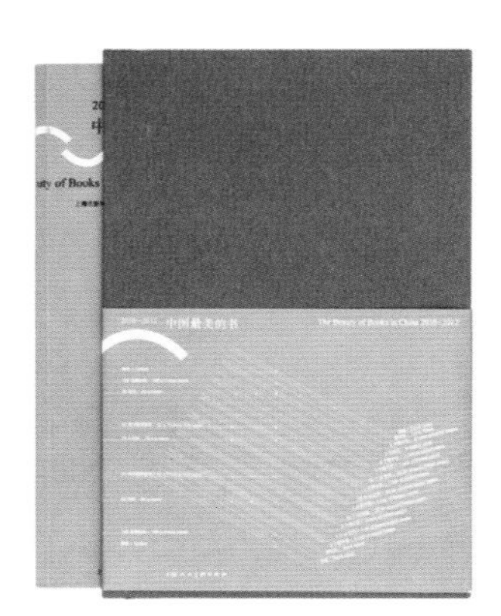
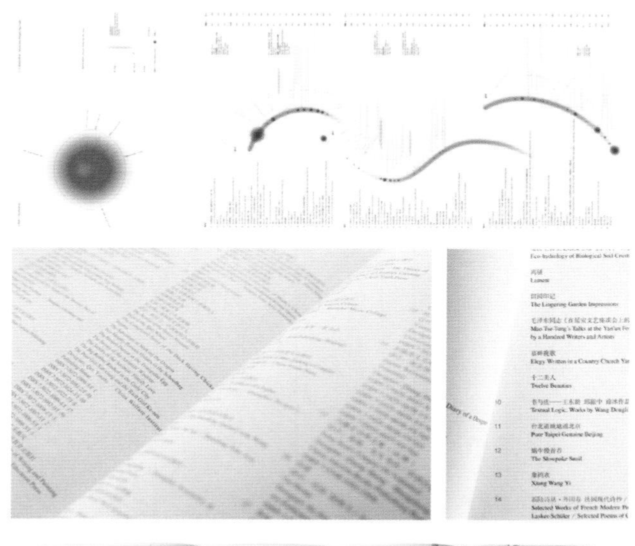

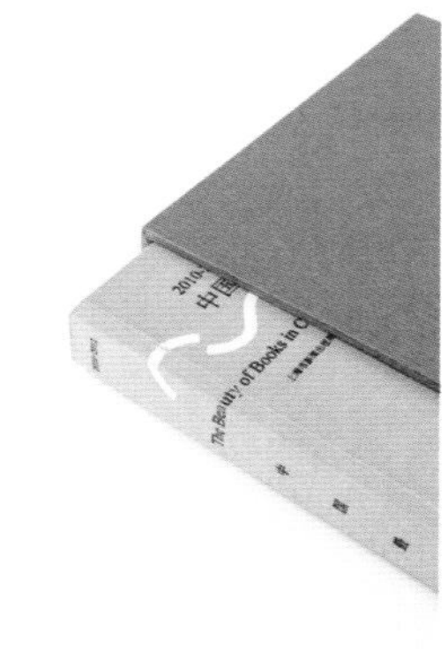

图 3-1-15 《2010-2012 中国最美的书》
2014“世界最美的书”获奖作品

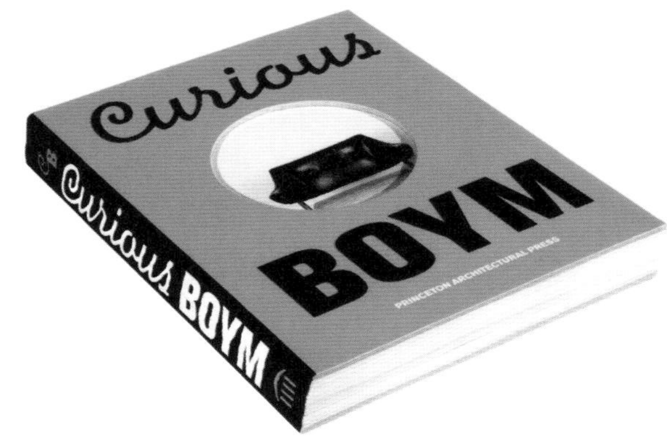

图 3-1-16 《奇特的博瑞姆图书》
设计者: 简·尔克，哈杰尔蒂·卡尔森
该书是纽约产品设计师多·博埃姆的专题著作，设计者将它设计成一本随时可以带走的书籍

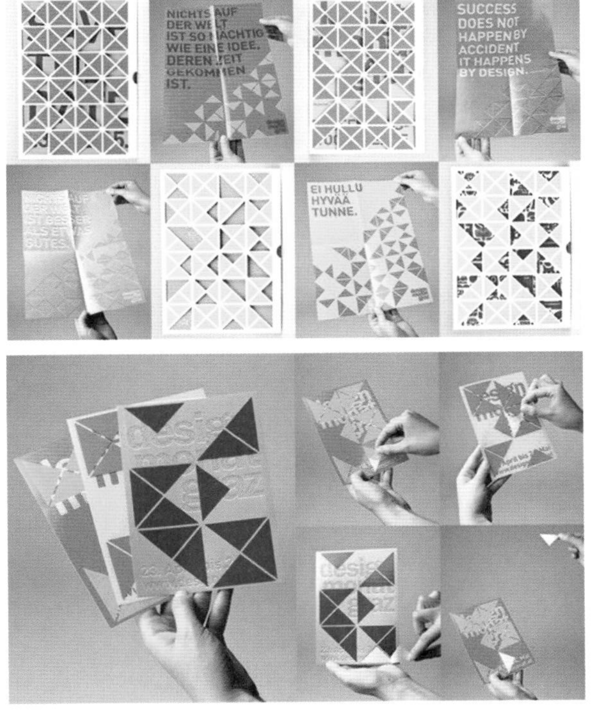

图 3–1–17 *Design Monat Graz*

图 3–1–18 《毛泽东对联赏析》
设计者：小马哥、橙子
2004 年“中国最美的书”获奖作品

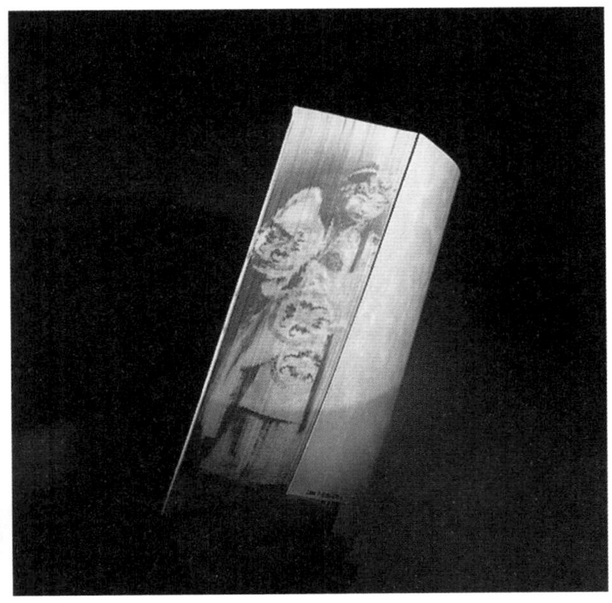

图 3–1–19 《梅兰芳全传》
设计者：吕敬人
切口的设计堪称一绝，体现了梅兰芳在台上台下的两个形象

第二节 多元材质之魅的书籍设计

纵观人类整个书籍发展历史，我们会发现，每一次书籍装帧形式的变革都不能与技术革命逃脱关系，纸的发明替代了竹简、木牍和绢帛；印刷术的发明增大了书籍的发行和版式的变化；工艺技术的改进不断促进了书籍装帧的变化。印刷技术和材料工艺已经成为当今书籍设计多元发展的主要原因之一。

书籍发展到今天，除了语言文字的重作作用外，视觉的、触感的、嗅觉的、听觉的乃至味觉的传播作用接踵而来。优秀的书籍设计需要五感的完美体现。五感作为人的感受感官，其对应的五官是人的内在生命与外部世界沟通交流的窗口。如果将书籍设计看作对生命的发掘与表达，那么当一本书具有能够表达生命的力量并且与人类生命产生共鸣时，所产生的力量是巨大而且持久的。

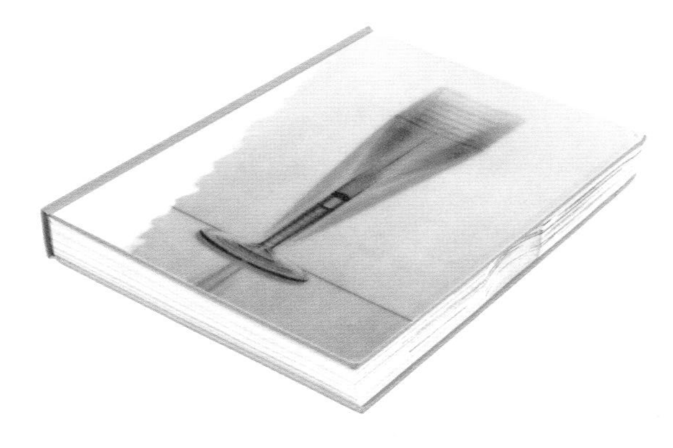

图 3-2-1 *Scanning*
设计者：Pentagram（J.abbott Miller）
封面采用了一种特殊材质，图形在不同角度是不一样的，不断改变书的角度，可以看到图片的位置随之而变

图 3-2-2 *Freistil*
设计者：Raban Ruddigkeit
一本收录了德国优秀的商业插画的书，金属镜面质感的封面反射出五彩的光，呼应了书名——自由风格

1. 多元材质书籍的触觉与听觉设计

触觉与听觉的感受，是需要通过物化的材质来体现的。手触摸到的肌理，翻阅时材质所发出来的声音，都会给读者留下视觉以外的全新的感受。它是材料与工艺共同唱响的交响曲。

触觉和听觉只是人体本能的触碰与聆听的功能，不会区别金属还是木材，不会区别是长笛的声音还是小号的声音，唯一区别就是大脑的意识在起作用了。因为人的脑袋装有记忆，它能呼唤曾经看见、听见、感触到的事物。

例如图 3–2–3 这本书，设计者选用柔软的纺织品为书籍的主要材质，小鸟的翅膀和书籍翻动的页面达成形态共生的状态。读者在触摸时不但可以感受到小鸟的柔软轻盈，在翻阅书籍页面的时候，柔软的触碰，轻盈的页面，给读者一种小鸟飞翔时的感觉，隐约中可以听到小鸟翅膀拍打的声音。一种触觉与听觉带来的全新设计，增添了整本书的情趣。

图 3–2–3 *Wingzy Wingzy Books*
设计者: Manja Lekic

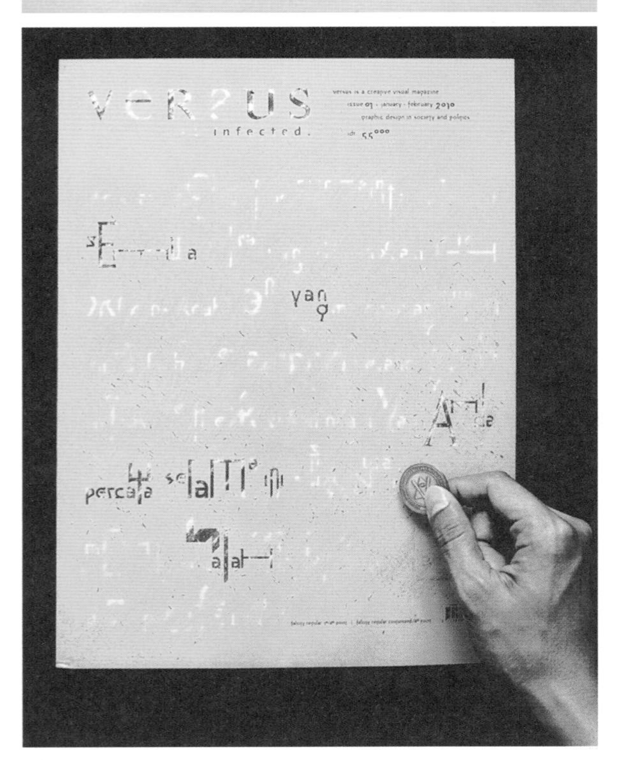

图 3-2-4 *Versus*
设计者: Thinking Room 工作室

Thinking Room 工作室设计的 *Versus*（图 3-2-4）这本书，内容涉及的是平面设计与社会责任感方面的内容。

在决定进入平面设计行业工作之前，每个人对这个行业都有自己的想象。但是根据 thinking Room 的经验，实际情形并不像想象的那样简单。平面设计这个看似时尚光鲜的行业，其实包含着设计师的很多泪水和现实情况。

设计者打算围绕这个特性为这本书设计一个与众不同的封面，既能体现主题，又具有一定的互动性。因此，设计者在封面上用一种可刮除的特殊材料印了一些非常好听和令人振奋的句子，但是用一个小硬币就可以轻而易举地将其划得面目全非，刮除后的封面露出的作为平面设计师所会面临的一些现实情况的文字描述。书籍还附送一枚硬币，这个硬币上印有相关的文字。

合理利用特种材料，恰到好处地诠释主题的同时还增加了读者的阅读趣味。

吕敬人先生设计的《朱熹千字文》（图 3-2-5）也是一本全新体验的触觉设计书籍。翻开这本书，木质雕版的封面以及内页遒劲、粗犷的字迹仿佛从纸上立起来，镶嵌入一个古老的石碑，似乎让人感觉到当年篆刻人手上的力度。这是吕敬人在设计此书时刻意寻找的感觉："《朱熹千字文》原来是刻在石板上的，有一种刀劈斧斫的感觉，我希望人们能从设计中体会到这种力度，触摸到它的纹路。"

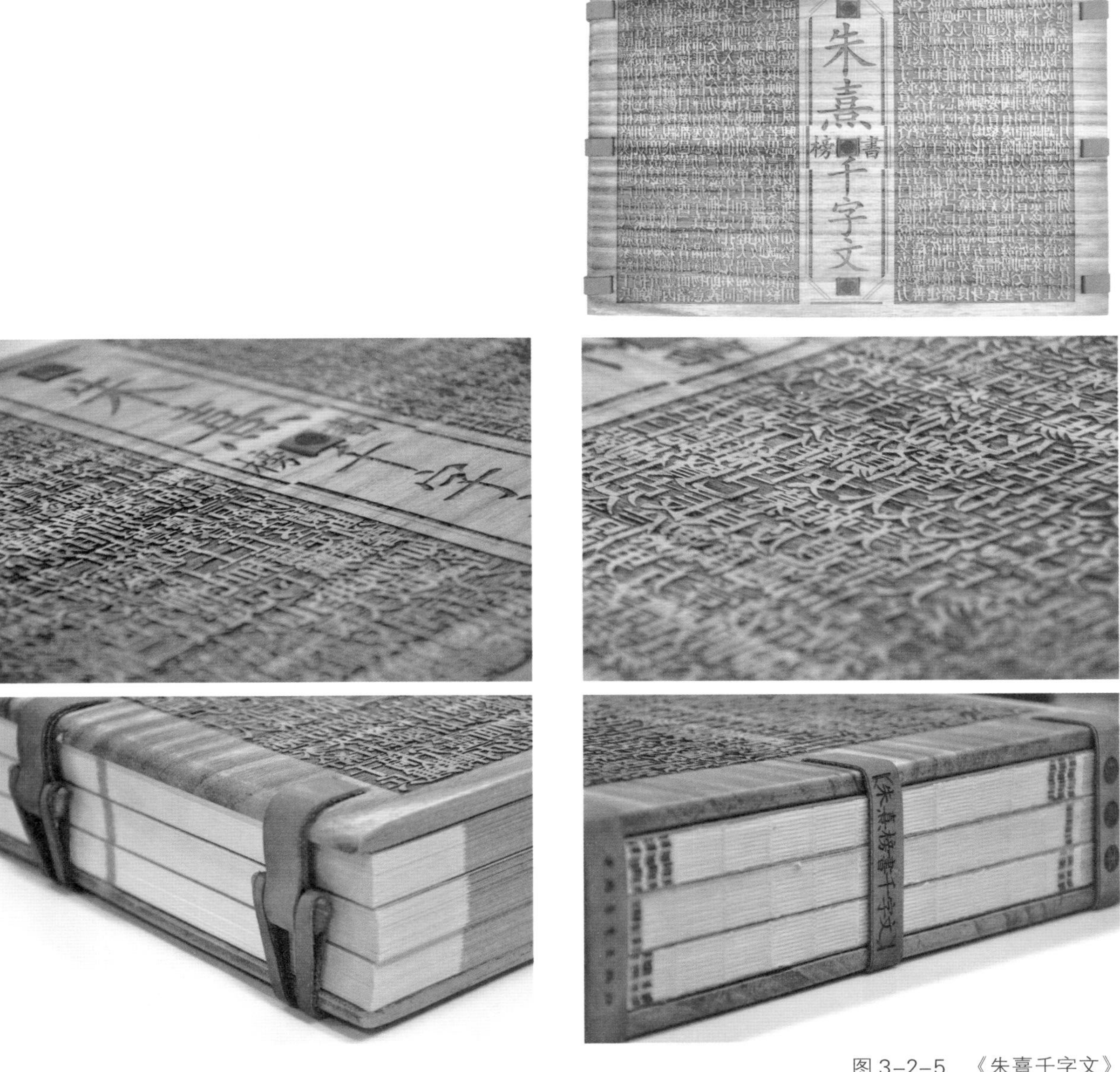

图 3-2-5 《朱熹千字文》
设计者：吕敬人

图 3-2-6 *One For All—Long Live The Queen*
设计者: Stefanie Golla
一套讲述蜂蜜的书。设计者围绕蜜蜂的生活特性和蜂蜜的特征，将书函设计成蜂箱的感觉，一册册的书却设计成旧式报纸夹的样子

图 3-2-7 *Rope of Thoughts*

图 3-2-8 *not for commercial-Paste*

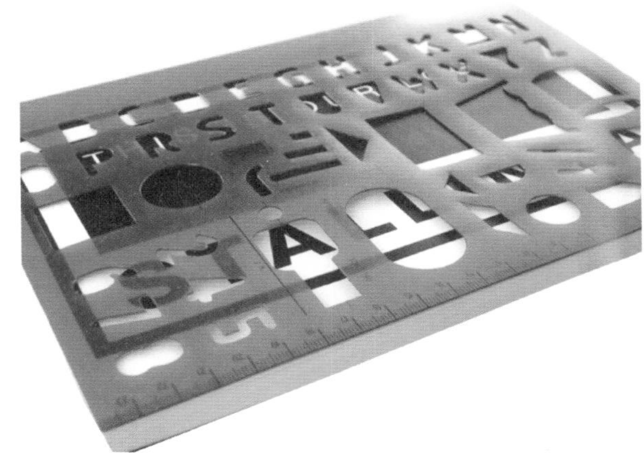

图 3-2-9 *Stallinga: This is Our Logo*

图 3-2-10 《标本》
叶子标本的形态，烫金的工艺不但出现在封面，还出现在每个章节中

图 3-2-11 《OUBEY 心灵之吻》
这套介绍德国艺术家 OUBEY 的出版物内容非常丰富，无论读者翻开哪一卷，都可以感受到 OUBEY 对于 3D 技术非常感兴趣，书脊强调了 OUBEY 作品的连贯性和幽默感，按照某一特定顺序摆放时，书脊可以拼出 OUBEY 的名字，如果书的摆放顺序不同，则会有不同符号的出现，就像象形文字一样，同时在封面的设计也强调了 3D 的立体效果

图 3-2-12　*American Odysseys: Writings by New Americans*

这本书收录了22位小说家、诗人和短篇小说作家的作品。书名被印刷在那只被镶嵌在封面里的铅笔上，铅笔是象征着小说，设计者利用铅笔带领读者走进这本书里

图 3-2-13 *Design Criminals*

2. 多元材质书籍的嗅觉与味觉设计

当下对书籍的味觉、嗅觉研究并不太多，它的确是一种实验性的设计，现实中，除去单纯意义上的品和嗅书的味道，还有通过视觉元素的设计让读者在阅读时接受其他感官信息后，通过分泌唾液从而触发味觉、嗅觉的感受。往往我们阅读到有意境或有韵味的诗词歌赋时，会情不自禁地分泌唾液，让我们品味句中的奥妙。色彩也会触发我们的味觉，黄、白、桃红会使人感到甜，绿色会使人感到酸，灰色和黑色会使人感到苦。

图 3-2-13 是一本真正挑战读者味觉的书。该书是用安全可食用的油墨在封碱纸上印刷而成，书套是用糖（Pastillage，一种很容易塑形的糖）制成的。

该书是为越南应用艺术博览馆 MAK 举行的犯罪分子设计展览而设计的，不过它已经不再是一本推广类的书籍了，它把焦点放在一个颠覆常理的主题上：很容易变质并且尝起来很甜的书可以吸引参观者去吃掉它。一些这样的书在展览的时候被制作出来，当然，少不了参观者的参与。参加活动的参观者会被邀请吃掉封碱纸上的可食用油墨以及装饰用的糖。

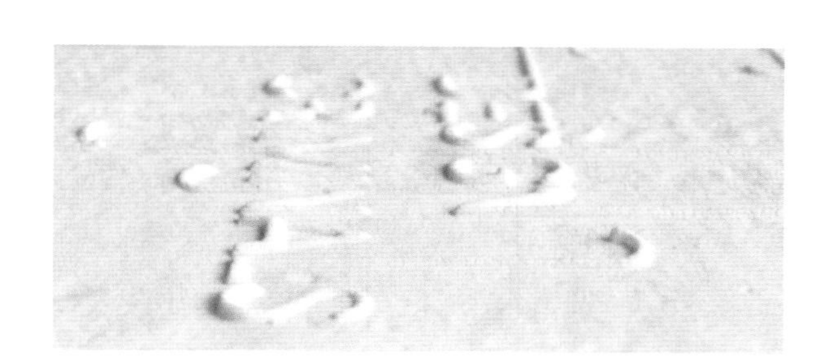

图 3-2-14 同样也是挑战读者味觉的书，但却不是如上一本真的能吃的书。对这本书的整个阅读过程就像在吃烧烤，让读者的大脑情不自禁地感受到了烧烤时的味觉与嗅觉。

然而这是一本年报，大的部分是年度财务报告，运用了常规的胶版印刷技术。夹在财务报告里的小册子则使用了特殊的感温墨水印刷，上面记录了 Podravka 公司成功的秘诀、成功法则，但是这些内容不是每个人都能够轻易找到的，必须把它放在烤箱里仔细烘焙，才能看到上面的内容。

图 3-2-14　《做得好》

图 3-2-15 *The Phaidon Atlas of Contemporary World Architecture*
设计者: Hamish Muir

图 3-2-16 *2398gr. A Book About Food*
设计者: Fabrica
采用食物包装盒的形式包装了这本书,体现了图书内容的主题——食物

第三节 新兴媒体之异的书籍设计

信息时代的到来，无形之中对传统纸质书籍有了很大的影响，这里要讲的并不是普通意义上的电子书，而是结合新媒体技术的手段，让书籍变得更加生动而有趣，从而更准确地诠释书籍内容、扩大信息宣传范围的那类书。

不可否认，新兴媒体的确能带来传统书籍不能带来的一些体验，在视觉上可以使传统平面的版面通过动态的方式展现，从而使一些晦涩难懂的东西变得简单明了，使一些枯燥无味的文字变得风趣幽默。在听觉上可以弥补传统书籍的无声空白，给以读者优美的视听环境。充分利用这些新技术手段，将其注入书籍设计中去，使得现代书籍的设计更加多元化，使得读者能够在最大范围内进行更深入的阅读，并获取全方位的信息。

图 3-3-1 《非典型的：排版尺寸》
这本书是介绍排版的一些基础知识，并说明了一个特别的排版方法，你必须带上 3D 眼镜才能阅读到那些方法的内容，由于三维的存在，图像变得更加引人注目，本书的目标读者是那些对排版有一些新的、实验性认识的人

1. 结合电子技术的书籍设计

电子技术的利用，使得传统书籍的静态信息传播方式得到了改变。例如图 3–3–2 这本在实验室完成的书籍设计。设计者通过 USB 把书本和电脑连接在一起，再利用网站上的 javascript 代码将书上的内容在电脑上展示，从而体验另类的阅读。书内装载了专门设计的电路，只要接触就可以在电脑上获取书上内容，当使用者在翻手中的书本时，屏幕上显示的书也将同步翻页，甚至不需要操作你的电脑桌面，因为它是通过与专用程序的互动实现的。这本书比普通的书阅读起来的优势在于，书中有很多晦涩难懂的信息，设计者将其制作成动画形式，当读者在阅读时碰到不是很明白的地方，可以同步阅读电子信息。

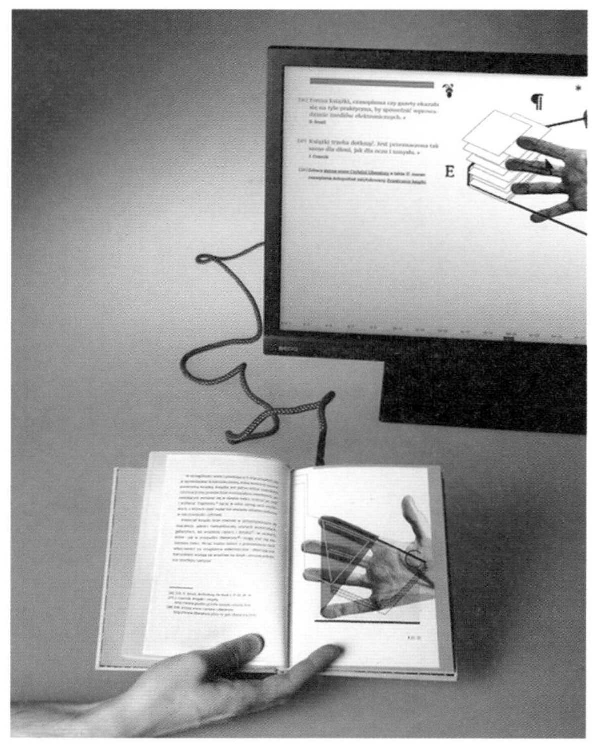

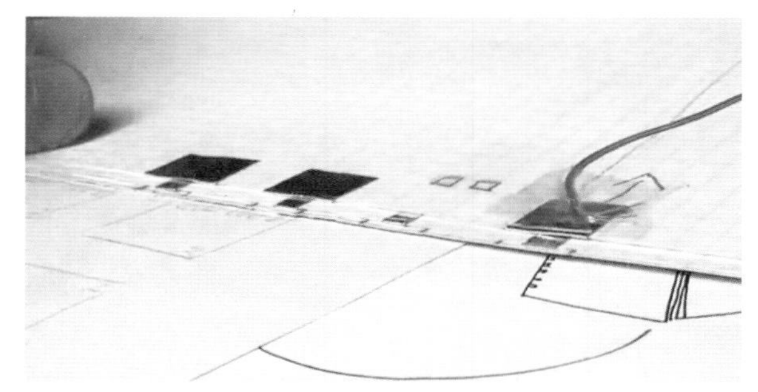

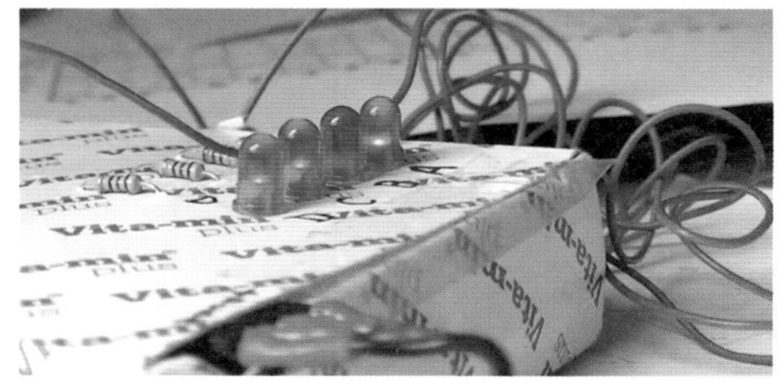

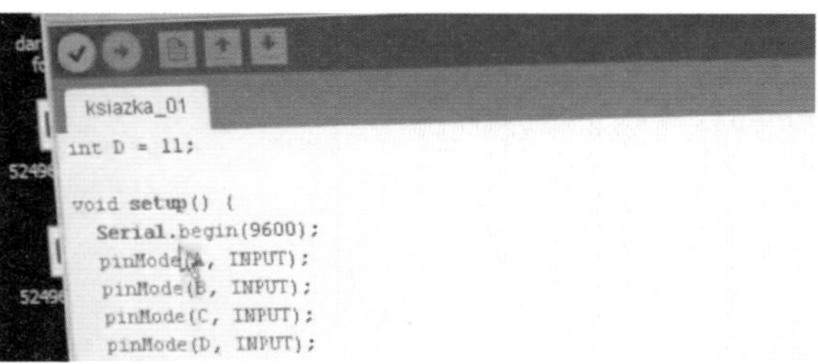

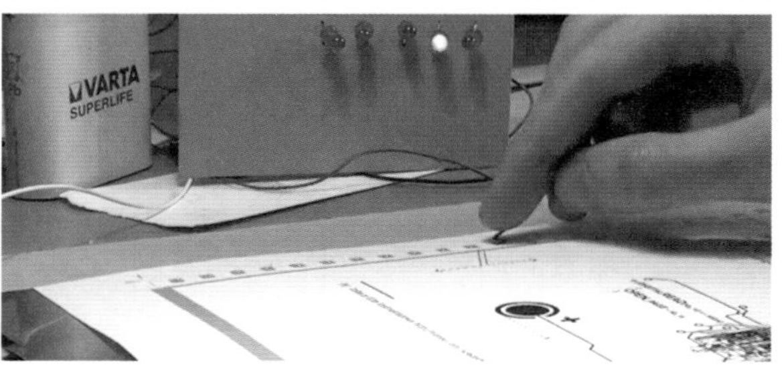

图 3–3–2 *Elektrobiblioteka*

2. 结合移动互联网技术的书籍设计

互联网技术指在计算机技术的基础上开发建立的一种信息技术。互联网技术的普遍应用，是进入信息社会的标志。而移动互联网，就是将移动通信和互联网二者结合起来，成为一体，是一种通过智能移动终端，采用移动无线通信方式获取业务和服务的新兴业务。在互联网的发展过程中，PC 互联网已日趋饱和，移动互联网却呈现井喷式发展。

移动互联网技术的应用，使得我们的信息获取变得更加便利，更加高速。随手打开身边的智能手机就能通过互联网获取自己需要的信息。设计师将其与书籍设计相结合，使得传统的纸质书籍的信息量在移动互联网的帮助下，得到更大程度的扩大。

例如图 3-3-3，这是 IKEA 的产品宣传手册。书中的部分家居产品图片标有橙色标记，其包含更多额外内容，而灰色标记表明额外内容的具体方向。

将手机打开 IKEA 的线上“家居指南 Apps”，对准带有橙色标记的图片进行扫描，即可在 Apps 中获得所扫描家具的 360° 旋转实景图、实物环境搭配图和其他相关系列家具信息等，使读者获得更多更准确的家居信息。

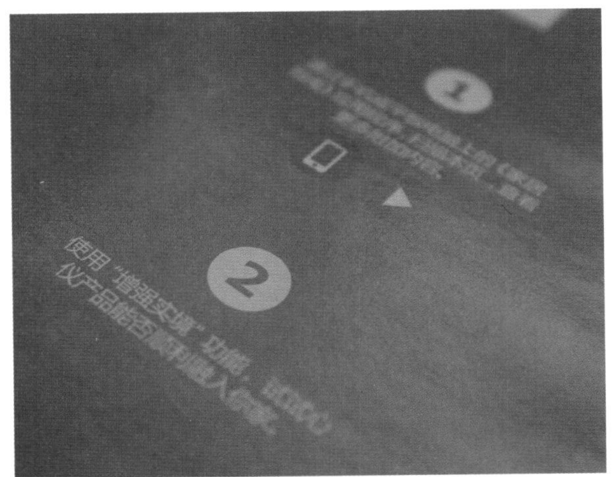

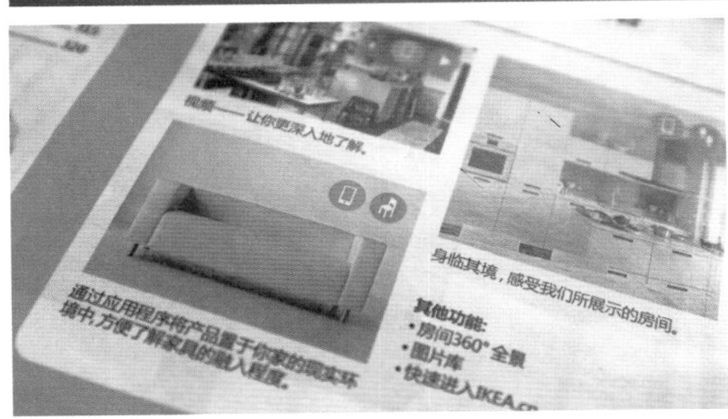

图 3-3-3 《IKEA 家居指南》

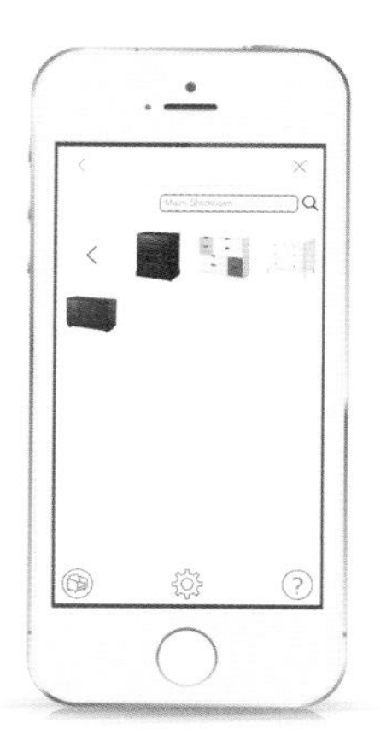
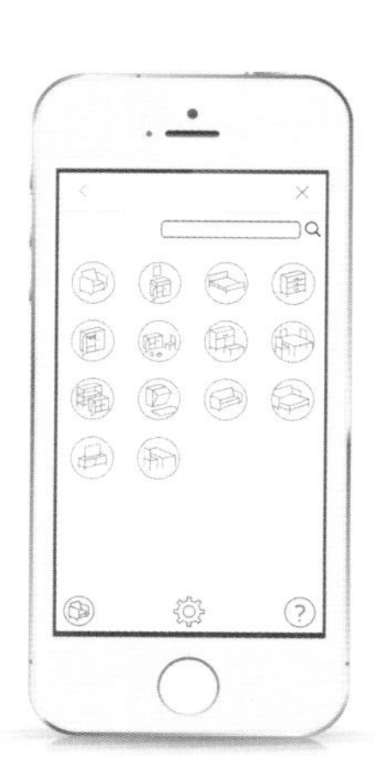

目录 5

《家居指南》应用程序!

将《家居指南》应用程序下载至智能手机或平板电脑,可获得更多家居创意灵感和便捷的工具帮你装饰你的家。

1

可通过日常应用程序供应商免费下载《家居指南》应用程序。

2

有橙色标记的页面,包含更多额外内容。灰色标记表明额外内容的具体方向。

3 扫描页面,查看更多内容

视频——让你更深入地了解。

身临其境,感受我们所展示的房间。

通过应用程序将产品置于你家的现实环境中,方便了解家具的融入程度。

其他功能:

- 房间360°全景
- 图片库
- 快速进入IKEA.cn

图 3-3-4 《IKEA 家居指南》

3. 结合其他技术的书籍设计

除了电子技术和互联网技术对于书籍设计的影响以外，其他的技术也被运用了起来。例如红蓝滤片3D立体技术。它利用一眼为红、另一眼为蓝的眼镜观看，仿真出左右眼的视线，通过两眼所看到的物体位置不同，所产生的视差在大脑形成了立体影像。但是红蓝滤片3D技术不如偏光式3D技术对于颜色的还原那么出色，但是偏光式3D技术必须配合显示输出屏幕或投影机，所以运用在印刷物上的以红蓝滤片3D技术为主。

设计师将这个技术运用到书籍设计上，就会使书籍在阅读上具有更丰富的视觉效果。

图 3-3-5 *The Waitress*

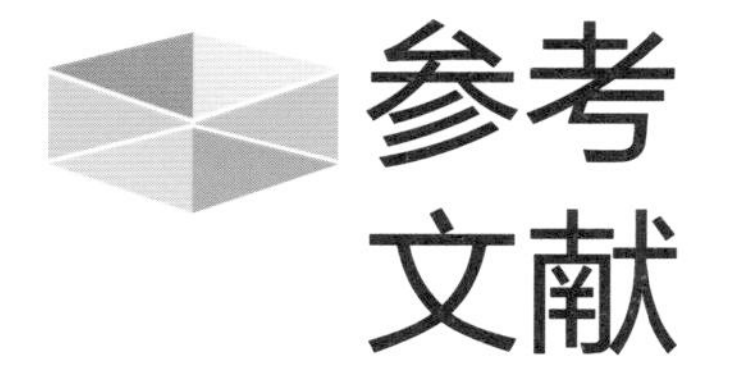

参考文献

［1］吕敬人. 书艺问道［M］. 北京：中国青年出版社，2006

［2］杨永德. 中国古代书籍装帧［M］. 北京：人民美术出版社，2006

［3］张秀民. 中国印刷史［M］. 韩琦增订. 浙江：浙江古籍出版社，2006

［4］王绍强. 书形［M］. 江洁译. 北京：中国青年出版社，2012

［5］（波）RyszardBiebert, 关木子编. 书籍设计［M］. 贺丽译. 沈阳：辽宁科学技术出版社，2012

［6］（英）Roger Fawcett-Tang. 装帧设计［M］. 黄蔚译. 北京：中国纺织出版社，2004

［7］赵健. 范式革命［M］. 北京：人民美术出版社，2011

［8］善本出版有限公司. 书艺 ART IN BOOK ［M］. 北京：北京美术摄影出版社，2013

［9］故宫博物院. 尽善尽美——殿本精华［M］. 北京：紫禁城出版社，2009

［10］（英）Andrew Haslam，书设计 · 设计书［M］. 陈建铭译. 台北：原点出版社，2009

［11］吕敬人. 书戏 · 当代中国书籍设计家 40 人［M］. 王昕译. 广州：南方日报出版社，2007

［12］耿相新. 中国简帛书籍史［M］. 北京：生活 · 读书 · 新知三联书店，2011

［13］钱永兴. 民间日用品雕版印刷图志［M］. 南京：江苏广陵书社有限公司，2010

［14］罗树宝. 中国古代图书印刷史［M］. 长沙：岳麓书社，1970

［15］任继愈. 中国藏书楼［M］. 辽宁：辽宁人民出版社，2001